Glasarchitekten
Glass Architects

Konzepte, Bauten, Perspektiven
Concepts, Buildings, Perspectives

Martin Krampen
Dieter Schempp

Glasarchitekten
Glass Architects

Konzepte, Bauten, Perspektiven
Concepts, Buildings, Perspectives

avedition

Impressum

Imprint

Editors	Eva Wittwer
	Petra Kiedaisch
	Vineeta Manglani
Translation	Martin Krampen
Design	**av**communication GmbH
	Claudia Stumpfe
	Natascha Bisswang
Cover photograph	Fujitsuka Mitsumasa
	Water/Glass-Project,
	Atami City
Lithography	**av**communication GmbH
	Corinna Rieber
Production	**av**communication GmbH
	Gunther Heeb
Printed by	Leibfarth + Schwarz
	GmbH + Co. KG
	Dettingen/Erms
Paper	150 g/m² Dullcoat

Redaktion	Eva Wittwer
	Petra Kiedaisch
	Vineeta Manglani
Übersetzung	Martin Krampen
Gestaltung	**av**communication GmbH
	Claudia Stumpfe
	Natascha Bisswang
Umschlagfoto	Fujitsuka Mitsumasa
	Water/Glass-Project,
	Atami City
Lithographie	**av**communication GmbH
	Corinna Rieber
Produktion	**av**communication GmbH
	Gunther Heeb
Druck	Leibfarth + Schwarz
	GmbH + Co. KG
	Dettingen/Erms
Papier	150 g/m² Dullcoat

Die Deutsche Bibliothek - CIP-Einheitsaufnahme
Glasarchitekten : Konzepte, Bauten, Perspektiven = Glass architects / Hrsg. Martin Krampen ; Dieter Schempp. - Ludwigsburg : av-Ed., 1999
ISBN 3-929638-29-0

Printed in Germany

ISBN 3-929638-29-0

Inhaltsverzeichnis

Contents

Einleitung

Introduction

Der Titel des Buches soll zeigen, daß seine besondere Aufmerksamkeit, im Unterschied zu anderen Büchern über Glasarchitektur, den Persönlichkeiten von Architekten gilt, die Glasgebäude entwerfen. Unsere Methode war, sie nach ihren Ideen zu fragen, entweder schriftlich oder im persönlichen Gespräch. Zunächst wurden sie gebeten, ein oder zwei ihrer Projekte zu benennen, die ihnen selbst besonders wichtig erschienen. Sie wurden nach dem Grund für ihre Auswahl gefragt. Die nächste Frage war, ob sie es für möglich hielten, nach baulichen Gesichtspunkten eine Typologie von Glasbauten zu entwickeln. Dann fragten wir nach dem ökologischen Stellenwert der Glasarchitektur und zuletzt nach ihrer zukünftigen Entwicklung. An diesem Leitfaden der Interviews entlang ergab sich die Struktur des Buches: Typologie, Ökologie und Zukunft sind seine Hauptkapitel, ergänzt um ein weiteres Kapitel über die Realisation von Glasgebäuden aus der Sicht des Herstellers von Stahl-Glas-Konstruktionen.

Die Auswahl der Architekten erfolgte nicht nach strengen Stichprobenkriterien. Entscheidend für uns war, daß die Architekten, die wir auswählten, wichtige Werke auf dem Gebiet der Glasarchitektur vorzuweisen hatten. Wir wollten unsere Auswahl auch nicht auf Europa beschränken, sondern erwarteten interessante Ideen von Architekten aus Amerika und Asien. Darüberhinaus interviewten wir auch Ingenieure und Hersteller, wenn diese besonders tief in Entwurfsprobleme der Glasarchitektur verwickelt waren.

Die Auswahl der Projekte war nicht schwer – wir überließen sie einfach den Architekten selbst. So besteht das Buch nunmehr aus den Aussagen und Projekten von 20 Architekten aus aller Welt, die insgesamt 36 Gebäude oder Projekte vorstellen. Die Aussagen der Korrespondenten sowie ihre Texte zu den Projekten sind weitgehend verbatim zitiert.

Nicht so einfach war die Gruppierung der Architekten und ihrer Projekte. Das Ergebnis des Versuches, die Beiträge in diesem Buch zu gruppieren ist nur eine Annäherung an ein abstraktes Ziel: Eine Ordnung hinter den vielfältigen schöpferischen und subjektiven Arten von Umgang mit dem Baumaterial Glas zu finden, die in diesem Buch dokumentiert werden. Wir meinen, drei Arten von Interessen gefunden zu haben: Das konstruktive und das bioklimatische Interesse, sowie das Interesse an räumlicher Transparenz.

Wenn wir einen Architekten einer dieser drei Gruppen zugeteilt haben, so kann dies nicht bedeuten, daß er ausschließlich zu dieser Gruppe gehört und keine anderen Interessen hat. Wir meinen mit der Zuteilung einen Schwerpunkt, der die Zugehörigkeit zu einer anderen Gruppe aber nicht ausschließt. Gehen wir von einer Art Kreisdiagramm aus, das 100% der Energie eines schöpferischen Umgangs mit Glas darstellt, so heißt die Zuteilung zu einer der Gruppen lediglich, daß in den vorgestellten Projekten mehr als 33% der Energie in eine bestimmte Richtung geflossen ist.

Das konstruktive Interesse wird an den Arbeiten von Behling, Charpentier, Fainsilber, Foster, Grimshaw, Ingenhoven, LRK, Ritchie, Sobek und Theilig deutlich, obwohl bei Grimshaw und Theilig auch bioklimatische Interesse zu spüren sind.

Das bioklimatische Interesse steht in den Arbeiten von Ambasz, Jourda, Reinberg und Schempp sowie in der Tropenarchitektur von Maia & Vasconcellos und Yeang im Vordergrund.

Das Interesse an räumlicher Transparenz ist besonders in den Arbeiten von Hanzawa, Kikutake, Kuma und Thom zu spüren. Nicht umsonst sind sie der japanischen oder chinesischen Bautradition verpflichtet.

Innerhalb dieser drei Schwerpunkte lassen sich weitere spezielle Differenzierungen ausmachen. So finden sich in der Gruppe mit konstruktiven Interessen Beiträge, die besonders auf Seilkonstruktionen oder auf „intelligente" Fassaden abzielen. Bei den Interessenten am bioklimatischen Bauen finden sich solche, die besonders für Solararchitektur oder aber für tropische Architektur eintreten. Das Interesse an räumlicher Transparenz findet im Bau von Wohnhäusern, aber auch in der Anwendung von speziellem „Museumsglas" seinen Ausdruck.

Insgesamt bietet das Buch ein Panorama des derzeitigen Denkens und Arbeitens von Glasarchitekten, aber auch ihrer Wünsche für die zukünftige Entwicklung des Baustoffes Glas, hauptsächlich an die Adresse der Technologie und der Glasindustrie gerichtet.

Martin Krampen / Dieter Schempp

The title of this book is meant to show that, in comparison to other books on glass architecture, its main interest lies in the personalities of architects designing glass buildings. The concept was to interview them about their ideas, either in writing, or in personal conversations. They were asked to name one or two of their projects which they deemed to be most important to them. They were further asked to give the reasons for their choice. The next question was whether they thought it to be possible, at this point in the development of glass architecture, to derive a typology of glass buildings from a constructive point of view. Then we asked them to give their ideas on the ecological importance of glass architecture and what they thought the future of glass architecture might be. Along the outline of these interview questions the structure of the book became clear: Typology, ecology and the future are the main chapters of the book and it ends with a chapter on the realization of glass buildings from the manufacturing point of view.

The selection of architects did not follow any particular sampling criteria. But it was important, that the architects we approached had realized important works in the field of glass architecture. Also, we did not want to limit our choice to Europe, but expected interesting ideas from architects in the Americas and in Asia. In addition we interviewed engineers and manufacturers as long as they were deeply involved in the design of glass architecture.

The choice of projects was easy to make – it was left to the architects themselves. Thus in the end we came up with 20 architects from all over the world presenting a total of 36 buildings or projects. The statements of our correspondents (as well as their texts on glass architecture) are generally quoted verbatim.

But not as easy was the grouping of the architects and projects. The result of our attempt to group the contributions to this book is only an approximation toward an abstract goal – to find an order behind the manifold ways of creatively and subjectively working with the building material glass documented in this book. We think we have found three kinds of main interests in our sample of architects: The interest in construction, the interest in bioclimatic solutions and the interest in spatial transparency.

If we have assigned an architect to one of the three groups, it does not mean that he belongs exclusively to this group, not having other interests. We mean by this assignment a focal point which does not exclude the relationship to another group. If we depict a pie chart representing 100% of the energy expenditure in the creative working with the building material glass our allotment to one of the groups means merely that in the projects presented more than 33% of the energy flows in a certain direction.

The interst in construction is exemplified by the works of Behling, Charpentier, Fainsilber, Foster, Grimshaw, Ingenhoven, LRK, Ritchie, Sobek, and Theilig – although Grimshaw and Theilig also seem to have also strong bioclimatic leanings.

The bioclimatic interest is at the forefront in the projects by Ambasz, Jourda, Reinberg and Schempp, but also in the tropical architecture of Maia & Vasconcellos and Yeang.

The interest in spatial transparency comes out clearly in the works of Hanzawa, Kikutake, Kuma and Thom. This is not by chance as they are strongly committed to the Japanese or Chinese architectural tradition.

Within the three focal points further special differences may be noted. In the group with predominantly constructive interest we find contributions on steelrope constructions and "inteligent" façades. Amongst those interested in bioclimatic building there are some favoring solar architecture, others dealing with problems in the tropics. The interest in spatial transparency finds its application in housing, but also in the use of glass in museums.

On the whole, the book offers a panorama of present day thinking and working of glass architects, but also about their wishes for the future development of glass as a building material mainly addressed to technology and the glass industry.

Martin Krampen / Dieter Schempp

Zur Typologie von Glasarchitektur

On Typology of Glass Architecture

Wie läßt sich die anscheinend unendliche Fülle von Glasarchitekturen ordnen? Unsere Frage nach der Möglichkeit einer Typologie von Glasarchitektur auf der Basis konstruktiver Gesichtspunkte beantworten nur wenige Architekten. Einige halten eine solche Typologie für unmöglich oder nur für begrenzt möglich. Einige verwerfen Typologien sogar, weil diese die Kreativität behindern könnten.

Ein Korrespondent (Seele) antwortet auf die Frage: „Eine Typologie von Glasarchitektur nach konstruktiven Gesichtspunkten ist zur Zeit nicht erkennbar. Ich glaube, daß dies auch nicht wünschenswert wäre, wenn Standardkomponenten Einzug hielten. Vielmehr liegen die konstruktiven Grenzen bei jedem Gebäude anders, so daß das Streben nach noch nicht Erreichtem immer wieder von neuem beginnt."

Ein anderer (Sobek) sagt es ähnlich: „Die klassische Tragwerkslehre ist ein Beispiel von einem Ordnungssystem, das für die Kreativität hinderlich ist."

Aber als nachträglichen Gedanken lassen einige doch eine begrenzte Nützlichkeit von Typologien zu, z. B. vom wissenschaftlichen Standpunkt aus (Sobek): „Als Bauschaffender wehre ich mich gegen Typologien. Als Wissenschaftler bin ich eher geneigt, zu ordnen und zu kategorisieren. Wenn es aber darum geht, auszuloten, was gemacht werden soll und kann, und was nicht, werden Typologien zum Hindernis."

Eine begrenzte Nützlichkeit als Arbeitshilfe wird auch eingeräumt (Reinberg): „Da für mich Architektur, wie das Leben etwas dynamisches ist, ständige Weiterarbeit und Entwicklung, erscheint mir ein Typologisieren und Systematisieren kein besonderes persönliches Anliegen, auch kein besonderes Ziel, eher die Gefahr, ein dynamisches System in eine rigide Ordnung zu zwängen. Trotzdem halte ich eine gewisse Systematisierung als Arbeitshilfe und als Überblick für den entwerfenden Architekten für sinnvoll und möglich, auch um die jeweiligen Probleme, Vor- und Nachteile vergleichbar und abwägbar zu machen, gleichsam als Hilfe, um die Architekturarbeit zu strukturieren. Eine festgeschriebene, genormte, standardisierte Typisierung würde in meinen Augen die Gefahr der Einschränkung der äußerst dynamischen Entwicklung der Glastechnologie mit der entsprechenden Architekturkonsequenz bergen."

Ein weiterer Korrespondent (Ritchie) wiederum glaubt nicht, daß eine Typologie möglich ist, entwickelt aber gleichzeitig eine sehr klare Basis dafür: „Ich glaube nicht, daß die Entwicklung einer Typologie von Glasarchitektur möglich ist. Es gibt nur einige wenige Methoden der Konstruktion von Glaswänden:

- Rahmung der wesentlich von unten getragenen Verglasung mit Stahl, Aluminium, Holz oder Neopren-Dichtungen,
- Hängung von rahmenlosen einzelnen, doppelten oder multiplen geklammerten oder verschraubten Glasvolumen."

Eine Möglichkeit, das Problem der Typologie anzugehen, liefert das Konzept der Präfabrikation. Ein Katalog von präfabrizierten Elementen (der von einigen allerdings abgelehnt wird) kann auch als Basis für eine Minimaltypologie angesehen werden. Ingenhoven schlägt vor: „Die Präfabrikation von Fassadenelementen ist ein wesentliches Moment, insbesondere bei der Planung von Hochhäusern.

Die große Zahl gleichartiger Elemente ermöglicht die serielle und industrielle Produktion von Bauteilen, wobei alle Energie der Planungsbeteiligten in die Optimierung eines energetisch und ökologisch sinnvollen, auf das Notwendigste reduzierten und effizienten Bauteiles einfließen kann. Außerdem entwickeln wir ein Fassadensystem, das alle Anforderungen an ein intelligentes Fassadenelement erfüllt und dessen modularer Aufbau die Anpassung an unterschiedlichste Gebäudetypen erlaubt; das Fassadenelement kann dann quasi per Katalog bestellt werden."

How can one categorize the seemingly unending wealth of glass architecture buildings? From a construction point of view, most architects do not address the issue of glass architecture as a typology. While some maintain that such a typology is impossible, or only possible in a limited way, others reject the issue completely on the grounds that it may hamper creativity.

One respondent (Seele) holds: "A typology of glass architecture, from a construction point of view, is not discernible at this point in time. I believe that it would not even be desirable if standardised components were to enter onto the scene. Rather, the constructive boundaries are different for each building and striving for the unattained always begins anew."

Another (Sobek) puts it this way: "I don't like corsets. The classical discipline of load-bearing structures is an example of strictly ordered systems which block creativity."

But as a second thought some do admit a limited use for it, for instance from a scientific point of view (Sobek): "As a building worker I oppose typologies. However, as a scientist I am inclined to create order and categories. Though when it comes to fathoming out what is to be done, what can be done and what not, typologies do become an obstacle."

A restricted use of it as a working aid is also admitted (Reinberg): "Since for me architecture, like life, is something dynamic – a continual elaboration and development, typologizing and systematising is of no personal interest to me and neither is it a particular goal of mine. Rather there is a danger in forcing a dynamic system into a rigid order. Nevertheless, as a working aid and an outline for designing architects I accept a certain degree of systematising to be useful and possible. It helps to weigh up problems – their advantages and disadvantages – and it also serves as an aid to structuring architectural work. A rigid typology, in my eyes, has the danger of restricting the highly dynamic development of glass technology which has consequences on the architecture."

Another respondent (Ritchie) does not believe that a typology is possible but develops at the same time a very clear basis for one: "I do not believe that the development of a typology of glass architecture, from the point of view of construction, is possible. There are only a few methods of constructing glass walls:

· Framed – essentially supported at the bottom – with steel, aluminium, timber or neoprene gaskets.
· Suspended – frameless either single, double or multiple volumes of glass – clamped or bolted."

One possible way of facing the issue of typology is via the concept of prefabrication. A catalogue of prefabricated elements (refused by some respondents) might be regarded as a basis for a (minimal) typology. Ingenhoven proposes: "The prefabrication of façade elements is an essential moment, especially in the planning of high rise buildings.

The large number of similar-type elements allows for serial and industrial production of building parts. In the planning of processes, all the energy from participating parties should be directed into optimising the efficiency of the building parts that makes sense from the point of view of energy consumption, ecology and of its reduction to the indispensable. We are developing a façade system that fulfils the requirements of an intelligent façade system. This permits, by means of its modular construction, the adaptation to the most varied types of buildings; the façade element can be ordered quasi by catalogue."

Ein ähnliches Projekt verfolgt Thom: „Wir sind daran interessiert, kostengünstige Fenster-Wandsysteme zu entwickeln, die alle Anforderungen an die Gebäudehaut (einschließlich der mechanischen) integrieren und von einem einzigen Handwerksbetrieb hergestellt und installiert werden können."

Präfabrizierte Fassadenelemente können als „molekulare" Typologie angesehen werden. Aber Typologien auf einem höheren Niveau werden von einigen mit Skepsis betrachtet. Aus ihrer Sicht bestehen nur begrenzt Möglichkeiten zum Aufbau einer Typologie in der Glasarchitektur. Da neben den rein statischen Funktionen die Glasarchitektur in einem wesentlichen Maß die Energiebilanz eines Gebäudes in Wechselwirkung aller Einflußparameter bestimmt, ist eine Erweiterung bei modularem Aufbau durch eine Addition unterschiedlicher Baugruppen daher nicht bzw. nur äußerst begrenzt möglich.

Ohne Zögern stellt dagegen ein anderer Befragungsteilnehmer (Theilig) eine vierfache Typologie vor: „Ein erster Typ ist durch (kleine) Fenster in der massiven Wand gegeben. Dadurch wird der Raum erhellt und klimatisch-thermische Probleme können vernachlässigt werden. Eisblumen am Fenster können sogar schön sein!

Der zweite Typ ist die Pfostenriegelfassade, eine selbsttragende Fläche als Teil eines Gebäudes. Die aufgeglasten Flächen werden größer, damit entstehen thermische Probleme: Im Sommer wird Sonnenschutz, im Winter Wärmeschutz unabdingbar. Das bedeutet, daß bessere k-Werte, Isolierglas, beschichtetes Glas notwendig werden.

Ein dritter Typ ist das Glasatrium als verglaster Raum zwischen zwei Gebäudeteilen mit den Möglichkeiten eines teilklimatisierten Raumes, eines halböffentlichen Raumes, eines Klimapuffers. Richtig eingesetzt entsteht die Möglichkeit, auch in strengeren klimatischen Zonen zu sehr offenen und trotzdem klimatisch verträglichen Bauweisen zu kommen. (Nicht umsonst sind derartige Lösungen in Skandinavien erfunden worden.)

Ein vierter Typ ist das freistehende ringsum und einschließlich des Daches verglaste Gebäude. Entsprechend notwendig wird eine ganzheitliche klimatische Betrachtung von Hülle und Klimasteuerung. Dazu gehören u.a.

- hervorragende k-Werte,
- doppelschalige Glaskonstruktionen,
- flexible Konstruktionen mit der Möglichkeit auf Sommer und Winter zu reagieren,
- Glasbedruckung,
- fotosensible Beschichtungen im Glas."

Behling meint: „Wenn wir bedenken, daß es den Einsatz von Floatglas erst seit etwa 50 Jahren gibt, so merken wir, wie sehr das Bauen mit Glas noch in den Kinderschuhen steckt. Trotzdem halte ich den Versuch einer Typologie von Glasarchitektur für interessant. Anfänge dazu finden sich in verschiedenen Vorschlägen zur Glasfassadentypologie".

Eine solche „Typologie mehrschaliger Hüllen aus Glas" wurde kürzlich von Werner Lang (in: Arch+ 10/98) vorgestellt. Als mehrschalige, transparente Glasschalensysteme werden Hüllenkonstruktionen bezeichnet, bei denen eine zweite Glasschicht vor oder hinter die Außenhaut des Gebäudes plaziert wird. Diese werden gebraucht, um Funktionen wie thermischen Schutz, Sonnenschutz, Schallschutz und Belüftung zu erfüllen.

Eine erste typologische Unterteilung solcher Fassaden kann nach dem Gesichtspunkt der Positionierung der zusätzlichen Glasschicht getroffen werden. Diese liegt:

- innerhalb der Außenwand (wie bei Fenstern in einer normalen Fassade)
- teilweise der Fassade vorgelagert (wie in Glasvorbauten, die an die Fassade angelehnt sind, z.B. Glas häuser, verglaste Loggien oder Erker)
- vor der gesamten Außenwandkon struktion (bei Doppelfassaden)

Eine zweite typologische Einteilung betrifft die Öffnungen zur Lüftung. Diese Öffnungen sind:

- in beiden Schichten (wie bei Doppelfenstern)
- nur in der inneren Schicht (z.B. Abluftfenster)
- überhaupt nicht vorhanden (wie bei Verbundglasfenstern)

A similar project seems to be envisaged by Thom: "We are interested in developing cost-effective window wall applications that integrate all building skin requirements (including mechanical) and which can be manufactured and installed by a singular trade organisation."

While prefabricated façade elements can be regarded as "molecular" typology, on a more molar level, typologies seem to be regarded by some with scepticism. In their opinion only limited possibilities exist in the structuring of a typology on glass architecture. Apart from its purely static functions glass architecture regulates, in interaction with other parameters, to a large extent the energy balance of a building. Enlarging the glass building by modular addition of different building complexes is therefore not possible or only in an extremely limited way.

Without hesitation one respondent (Theilig) has proposed a fourfold typology: "One type consists of the usual (small) windows in massive walls. With these the room is made lighter and climatic-thermal problems can be neglected.

The second type is the post and lintel façade, a self-carrying surface as part of the building. Glazed surfaces grow larger and thermal problems are a result: Sun protection becomes necessary in the summer, thermal protection in the winter. This means the necessity for better k-values (heat loss coefficients), insulation glass and coated glass.

A third type is the atrium as a glazed space between two (solid) building parts offering the possibility of a partly air conditioned room, a semi-private space, a climate buffer. If employed correctly this solution can also be used in more severe climatic zones in order to obtain a very open, and at the same time, climatically compatible architecture. (It is no surprise that this type of solution was invented in Scandinavia.)

The fourth type is the free-standing and, inclusive of roof, fully glazed building. This solution requires a holistic approach to coverage and air conditioning and entails, among others:

- excellent k-values (heat loss coefficients)
- flexible construction with possibilities of reacting to summer and winter
- printed glass
- photosensitive layers within the glass."

Behling comments: "If you consider that the application of float glass has existed for about 50 years, you become aware of the fact that building with glass is still at the beginning. Nevertheless I think the attempt of forming a typology of glass architecture is an interesting one. The beginnings of this is to be found in various proposals on the typologies of glass façades."

Such a "Typology of multi-layered glass wrappings" was recently proposed by Werner Lang (in: Arch+ 10/98). Multi-layered transparent glass façade systems are defined as covering constructions in which a second layer of glass is placed before or behind the external skin of the building. They are used to fulfill functions such as thermal protection, solar protection, sound protection and aeration.

An initial typological subdivision may be based on the layers' position with respect to the building skin. It may be placed

- within the construction of the external wall (like windows in a normal façade)
- partially in front of the façade (as in fore-buildings like a glass house leaning against the façade, a glazed loggia or an oriel)
- all over the external wall (as in double façade systems).

The second typological subdivision concerns the position within the layers of opening possibilities for ventilation. There may be:

- openings in both layers (as in double windows)
- openings in the inner layer only (as in exhaust air windows)
- no openings in either layer (as in composite glass windows).

Typ 1
Type 1

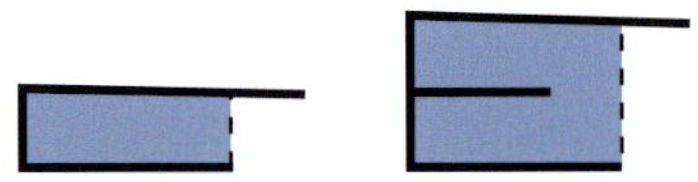

Typ 2
Type 2

Eine dritte typologische Unterteilung bezieht sich auf die Unterteilung des Fassadenzwischenraumes. Es gibt:

· keine Unterteilung des Zwischenraumes (wie bei integrierten Glashäusern oder unabhängiger zweiter Schale)
· eine Unterteilung (wie bei Korridorfassaden oder Schachtfassaden).

Die Positionen der zweiten Glasschicht in Bezug auf die Außenwand, wie sie in der ersten typologischen Unterteilung klassifiziert wurden haben wichtige Konsequenzen für die Fassadengestaltung. Die drei häufigsten Lösungen sind:

· Doppelfenster in der Außenwand (die statischen Probleme von Größe und Gewicht werden mit Hilfe der massiven Außenwand gelöst). Diese Lösung entspricht Theiligs Typ 1.
· die zweite Glasschicht ist mit einem größeren Abstand an die Außenwand angelehnt. Dadurch entsteht ein Klimapuffer, der (zeitweilig) bewohnt werden kann (wie bei vielen Glashäusern). Diese Lösung entspricht einem Glashausvorbau.
· Doppelfassaden (zweite-Haut-Fassaden, Pufferfassaden, usw.), die oft ähnlich aussehen,aber verschiedene Funktionen haben können.

Einige der erwähnten typologischen Kriterien lassen sich in der Grünen Solararchitektur kombinieren. Dadurch ergeben sich acht Glashaustypen, die durch vertikale Aufstockung oder horizontale Addition zusätzlich variiert werden können. Diese Typologie wird in den Abbildungen dargestellt.

Typ 1, das „Sokrates-Haus", wird von Xenophon um 400 vor Chr. in seinen „Erinnerungen an Sokrates" anhand eines sokratischen Dialoges als ein Gebäude geschildert, das nach Süden geöffnet ist und bei starker Sonneneinstrahlung durch ein Schirmdach geschützt ist, bei flacher Sonneneinstrahlung aber die ganze Strahlung einfängt.

Typ 2 ist ein Ganzglashaus, das dem vierten Typ von Theilig entspricht.

Typ 3 ist ein Halbglashaus

Typ 4 entspricht der angelehnten Glaskonstruktion, die in der Fassadentypologie als Typ 2 beschrieben ist.

Typ 5 beschreibt halbe Glasbauten mit Glasdach, die in verbauter Lage Sonnenenergie von oben einfangen können.

Typ 6 stellt ein halbiertes Atriumhaus dar.

Typ 7 zeigt das Atriumhaus, das dem von Theilig beschriebenen dritten Typ entspricht.

Typ 8 demonstriert, wie durch Aufstockung und Kombination Sondertypen entstehen können.

The third typological subdivision concerns the segmentation of the façade interstice. There may be:

- no segmentation (as in an integrated glass house or an indepen dent second skin façade)
- segmentation (as in corridor-façades or in ventilation shaft façades).

The position of the second glass layer with respect to the external wall given in the first typological subdivision has its consequences for the design of façades. There are three frequent kinds of design solutions:

- Double windows within the external wall construction (statical size and weight problems are solved by the massive external wall). This solution corresponds to Theilig's Type 1
- Double layer (partially) at a larger distance in front of the façade, creating a climatic buffer which may be temporarily used as in many glass houses. This solution is like a glazed fore-building
- Double façades (second-skin-façades, buffer façades, etc.). These façades often look similar but may have different functions.

Some of the aforementioned typological criteria may be combined in Green Solar Architecture. The result is eight glass house types which can be varied by vertical and horizontal additions. This typology is shown in our illustration.

Type 1, the "Socrates-House", is described by Xenophon in his "Memories of Socrates" around 400 B. C. by means of a Socratic dialogue. It is a house opened toward the south, protected from strong insolation by a peak roof. With flat insolation it catches the entire irradiation.

Type 2 is a whole-glass house, corresponding to Theilig's Type 4.

Type 3 is a half glass house.

Type 4 corresponds to the leaning glass wall described as Type 2 in the façade typology.

Type 5 describes half-glass buildings with a glass roof capable of catching the sun from above in obstructed situations.

Type 6 shows half an atrium house.

Type 7 is the atrium house corresponding to Theilig's third type.

Type 8 demonstrates how by vertical addition and combination special types may be generated.

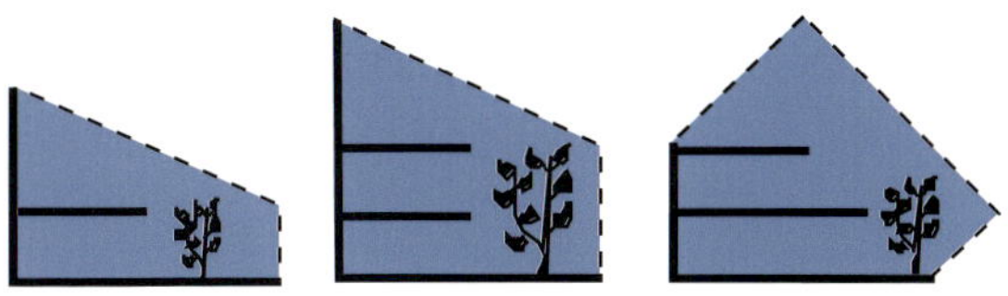

Typ 3
Type 3

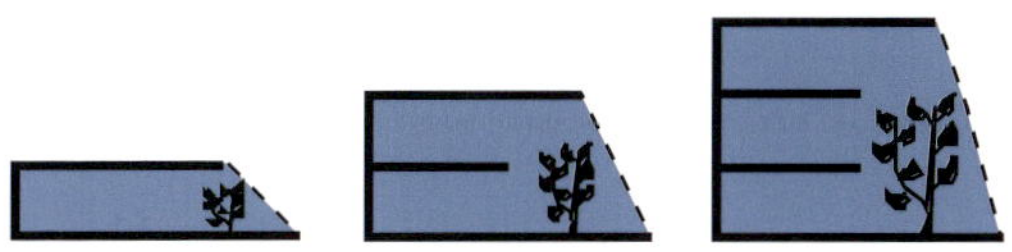

Typ 4
Type 4

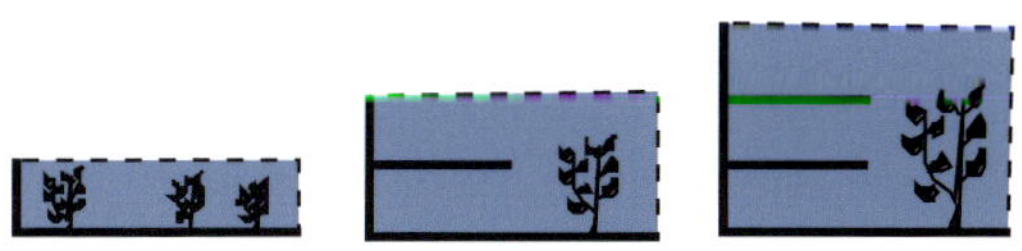

Typ 5
Type 5

Typ 6
Type 6

Typ 7
Type 7

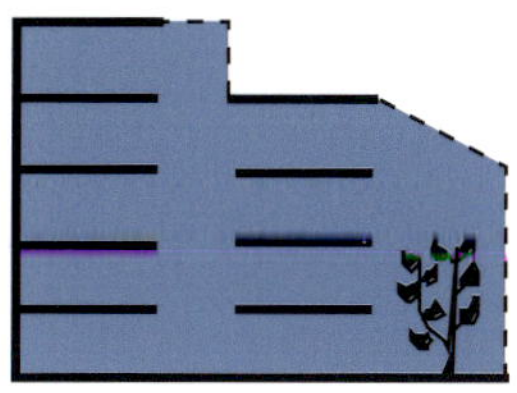

Typ 8
Type 8

Vernetzen, Hängen, Spannen:
Konstruktive Interessen

Networking, Hanging, Spanning:
Interests in Construction

Norman Foster and Partners, London

· Glaskuppel des Reichstags, Berlin, Deutschland

· The Reichstag Cupola, Berlin, Germany

Norman Foster, geboren 1935, Studium der Architektur in Manchester, 1963 Gründung des Team 4 (zusammen mit Richard Rogers), das seit 1967 als Foster Associates jetzt Foster und Partner (London) firmiert.

Zu seinen wichtigsten Projekten gehören der Umbau des Deutschen Reichstags in Berlin, die Hongkong und die Shanghai Bank, die Sackler Gallerie an der Royal Academy in London, das Century Hochhaus in Tokio, das Carré d'Art in Nîmes, die Hauptverwaltung der Commerzbank in Frankfurt, das Sainsbury Center for Visual Arts, Büros der Versicherung Willis Faber und Dumas in Ipswich, der Flughafen Stansted in London und der Great Court im British Museum.

Foster erhielt über 190 Auszeichnungen: darunter der Pritzker Architekturpreis (1999), der Deutsche Architekturpreis, der Mies van der Rohe Award for European Architecture (1991), die Royal Gold Medal for Architecture (1983). 1990 wurde ihm vom englischen Königshaus die Ritterehre verliehen (Sir Norman Foster) und 1999 wurde er zum Life Peer ernannt (Lord Foster of Thames Bank).

Norman Foster, born in 1935, studied Architecture in Manchester and in 1963 founded Team 4 (with Richard Rogers), since 1967 operating as Foster Associates now Foster and Partners (London).

His most important projects include the conversion of the German Parliament (Reichstag) in Berlin, the Hong Kong and Shanghai Bank, the Sackler Galleries at the Royal Academy in London, the Century Tower in Tokyo, the Carré d'Art in Nîmes, the Commerzbank Headquarters in Frankfurt, the Sainsbury Center for Visual Arts, offices for the insurance company Willis Faber and Dumas in Ipswich, the Stansted Airport in London and the Great Court at the British Museum.

Foster has received over 190 awards including the Pritzker Architecture Prize (1999), the German Architecture Prize, the Mies van der Rohe Award for European Architecture (1991), the Royal Gold Medal for Architecture (1983). In 1990 he was knighted by her Majesty the Queen (Sir Norman Foster) and in 1999 was made a Life Peer (Lord Foster of Thames Bank).

Glaskuppel des Reichstags, Berlin

The Reichstag Cupola, Berlin

Das rekonstruierte Gebäude entspricht der klaren Struktur des alten Reichstages, indem die Subtilität der axialen Tür- und Fensterlinien wiederaufgenommen wurde. Abgesehen davon haben wir uns radikal vom Original entfernt, indem wir viele Schichten aufgegraben und für natürliches Licht und Ausblicke geöffnet haben. Dafür wurde Glas umfassend eingesetzt. Innerhalb seines massiven Mauerwerks ist das neue Gebäude transparent und alles, was sich innen abspielt, ist sichtbar.

The reconstructed building takes impulses from the clarity of the old Reichstag, reinstating the subtleties of axial door and window alignments. Elsewhere however, the departure from the original has been radical, gouging through the building's many layers to open it up to natural light and views. Glass is used extensively. Within its massive masonry shell the new building is transparent, and all its activities are on view.

Der für die Öffentlichkeit zugängliche Raum befindet sich auf der Dachterrasse, von der aus die Besucher einen Zugang zu einem öffentlichen Restaurant und zu der Kuppel haben. Innerhalb der Kuppel windet sich die Besucherebene in einer Spirale zu der höhergelegenen Aussichtsplattform, die einen unübertroffenen Ausblick auf die Stadt bietet.

Die Kuppel wurde als „Dachlaterne" konzipiert, mit allen Assoziationen, die damit verbunden sind: Sie ist eine Schlüsselkomponente unserer Licht- und Energiespar-Strategien. Das Herz der Kuppel bildet eine „Lichtskulptur", ein verspiegelter Kegel, der das Außenlicht in den Plenarsaal reflektiert. Ein beweglicher Schutz folgt dem Lauf der Sonne, so daß der Innenraum nicht überhitzt wird und die Sonne nicht blendet.

Wenn es dunkel wird und die Glaskuppel leuchtet, angestrahlt von dem Plenarsaal darunter, wird das Gebäude zu einem Leuchtturm.

The public realm reasserts itself on the roof terrace from which visitors have access to a public restaurant and the cupola. Within the cupola twin helical ramps lead to an elevated observation platform that offers unrivalled panoramic views of the city.

The cupola was conceived as a "lantern" with all the associations the term implies: It is a key component in our lighting and energy-saving strategies. At its core is a "light sculptor", a mirrored cone which works like a lighthouse in reverse to reflect horizon light into the chamber. A moveable shield tracks the path of the sun to prevent solar heat and glare.

As night falls and the glass bubble of the cupola glows, lit from the chamber below, the building becomes a beacon.

Schnitt: Nord-Süd

North-south section

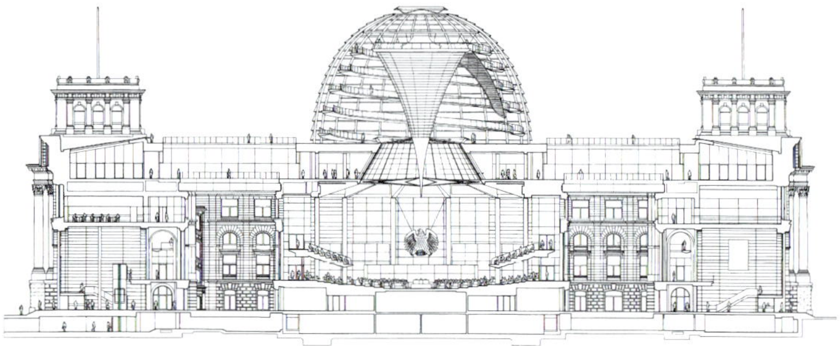

Grundriß: 1. Stockwerk

Plan: 1st floor

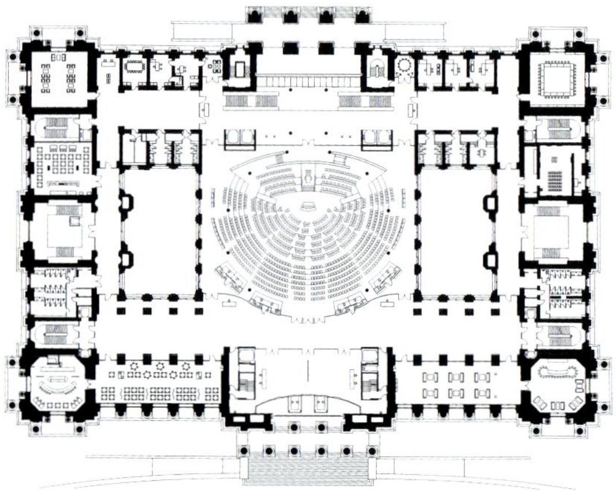

Schichtmodell
Layer model

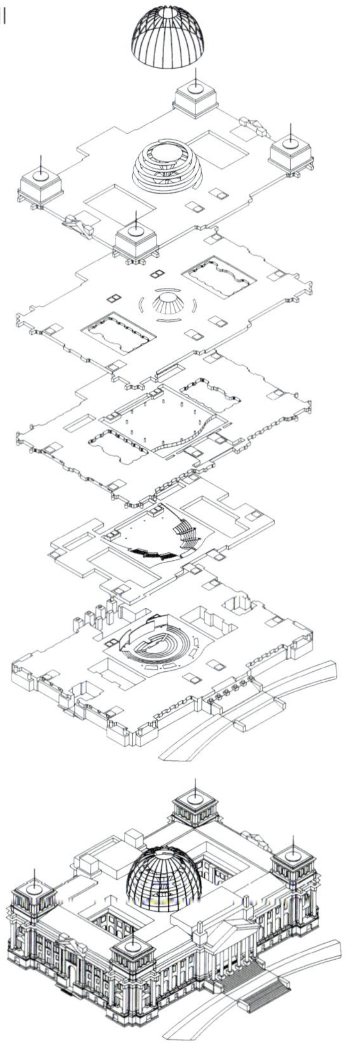

Bauherr Client
Bundesrepublik Deutschland
Architekt Architect
Foster and Partners
Tragwerksplanung
Load-bearing Structure Design
Leonhardt Andrä & Partner,
Ove Arup Partnership,
Schlaich Bergermann + Partner
Glaskonstruktion der Kuppel
Glass construction of the Dome
ARGE Reichstagskuppel
Waagner-Biro GmbH, Wien
Bruttogeschoßfläche Gross area
61.166 m²
Bauzeit Building Programme
Juli 1995 – April 1999
July 1995 – April 1999

Nicholas Grimshaw & Partners, London

- Waterloo International Terminal, London, Großbritannien
- Das Eden Projekt, Cornwall, Großbritannien

- Waterloo International Terminal, London, Great Britain
- The Eden Project, Cornwall, Great Britain

Nicholas Grimshaw, geboren 1939, seit 1965 Architekt, 1980 Gründung des Büros Nicholas Grimshaw & Partners in London.

Zu seinen wichtigsten Bauten und Projekten gehören der Expreßbahnhof Waterloo Station in London, das Eden-Projekt in Cornwall, der Britische Pavillon für die Expo in Sevilla, die Hauptverwaltung und das Fabrikgebäude für Igus, die Produktionshalle für Vitra in Weil am Rhein, das Betriebsgebäude der British Airways, die Börse und das Kommunikationszentrum Berlin, das Druckereigebäude für die Financial Times in London.

Nicholas Grimshaw & Partners erhielt zahlreiche Auszeichnungen und Preise, darunter 1978, 1980, 1989 die RIBA-Medaille (Royal Institute of British Architects) und 1989 den European Award for Industrial Architecture (2. Preis).

Nicholas Grimshaw, born in 1939, has been working as an architect since 1965. In 1980 he founded the office Nicholas Grimshaw & Partners in London.

His most important buildings and projects include the Express station at Waterloo Station in London, the Eden Project in Cornwall, the British Pavilion for the Expo in Seville, the main administration building and the factory building for Igus, the production hall for Vitra in Weil am Rhein, the administration building for British Airways, the Stock Exchange and communications centre in Berlin, the Printing building for the Financial Times in London.

Nicholas Grimshaw & Partners has received numerous awards and prizes, amongst them in 1978, 1980, 1989 the RIBA-Medal (Royal Institute of British Architects) and in 1989 the European Award for Industrial Architecture (2nd Prize).

Waterloo International Terminal, London

Waterloo International Terminal, London

Heute zeigen die meisten Glashäuser nach außen immer noch flächige Formen; das Dach des International Terminal war keine Ausnahme. Es mußte in neun Monaten gebaut werden.

In den frühen Phasen des Entwurfsprozesses wurde uns deutlich, daß das Lageprofil, welches durch die Schienenrichtung diktiert wurde, die nachfolgenden Entscheidungen beeinflussen würde.

Standardisierung war entscheidend für den Erfolg des Projektes, und das Hauptproblem war, dieses Prinzip dem Design einer unregelmäßigen Oberfläche anzupassen.

Most glass houses today still display planar forms. The roof of the International Terminal was no exception and even had to be constructed within nine months.

From very early on in the design stage it became obvious that the site profile dictated by the track alignment, would influence our subsequent decisions.

Standardization was to be critical for success and the key problem was how to apply this principal to the design of an irregular shape.

22
21

32

Aufsicht

Top view

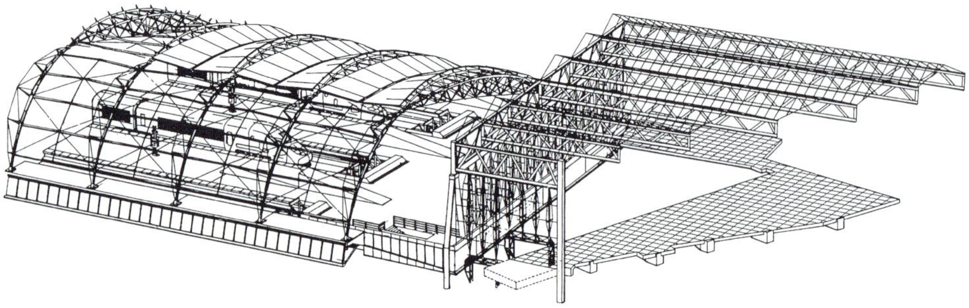

Unteransicht

Bottom view

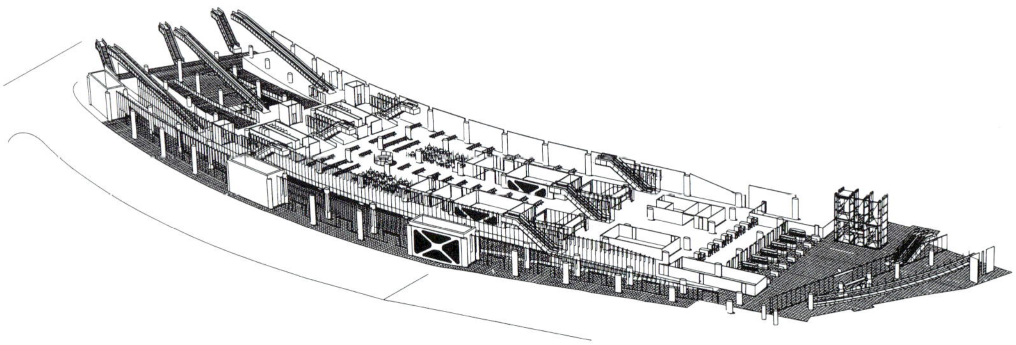

Es wurde eine Lösung mit 230 rechteckigen Standardglasflächen gefunden. Jede Fläche überlappt die nächste vertikal folgende Fläche wie Schuppen einer Schlangenhaut. Der Schlüssel zur Abwendung geometrischer Verzerrung war die Einfügung von standardisierten Ziehharmonika-Dichtungen aus Neoprene, die Flächenunterschiede von ca. +/- 80 mm auffangen konnten.

Jede Glasfläche war mit dem äußeren Stahlgerüst durch eine Reihe von Gußformen aus Edelstahl verbunden. Diese Verbindungen wurden von vier unabhängig rotierenden Komponenten zusammengefaßt, die in jeder Achse eine Flächenvarianz von =/- 180 mm erlaubten. Die besondere Leistung des Waterloo-Gebäudes war die Produktion einer komplexen dreidimensionalen Form aus Standardkomponenten. In diesem Fall war die Geometrie unvermeidbar und zwingend durch das Eisenbahngelände vorgeschrieben.

A solution was found that created 230 "standard" rectangular glass panels. Each panel overlapped the next vertically adjacent panel much like the scales of a snake. The key to eliminating the geometric twist was the incorporation of a standard neoprene concertina gasket which could accommodate plane variances of approximately +/- 80 mm.

Each panel was fixed to the external steel work via a series of standard interconnecting stainless steel castings. These connections were assembled from four independently rotating components allowing a variance of =/- 180 mm in each axis. The real accomplishment at Waterloo was the production of a complex 3D form made out of standard components. In this case the geometry was unavoidable and was dictated by site constraints.

Schnitt
Section

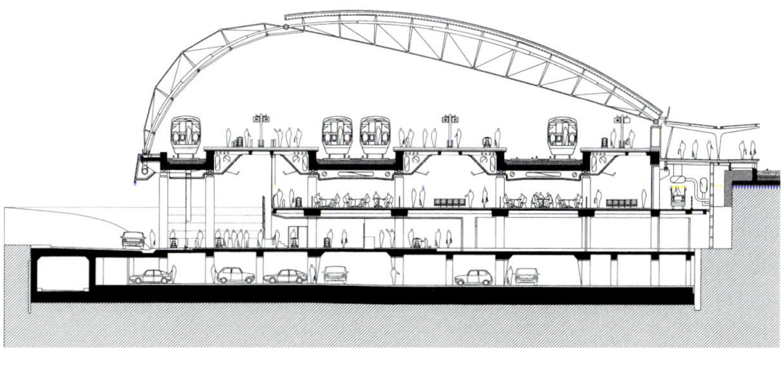

Bauherr Client
British Railways Board -
European Passenger Services Limited
Architekt Architect
Nicholas Grimshaw & Partners
Direktor Director
Neven Sidor
Tragwerksplanung
Load-bearing Structure Design
YRM Anthony Hunt Associates
Verglasung Konstruktion
Glazing Construction
Pilkington Glass Co.
Verglasung Ausführung Glazing Contractor
Briggs Amasco
Gesamtmaße Total Measurements
ca. approx. 400 x 48 m (maximum)
400 x 32 m (minimum)
Bauzeit Building time
1988–1993

Das Eden-Projekt, Cornwall

The Eden Project, Cornwall

Unser Eden Projekt für bioklimatische „Glas"-Häuser, das in einer nicht mehr benutzten Tongrube in Cornwall liegt, entwickelt die Prinzipien des Waterloo International Terminal weiter. Aber in diesem Fall richtet sich die Form des Gebäudes nicht nur nach dem komplexen Baugelände, sondern ebenso nach komplexen Umweltkriterien. Das Projekt zielt auf eine Darstellung der biologischen Unterschiede in der Pflanzenwelt ab und soll dadurch ein besseres Verständnis des Verhältnisses der Menschen zu ihrer Umwelt vermitteln. Es handelt sich also um eine Demonstration von Nachhaltigkeit, die als Grundstufe die maximale Nutzung von Sonnenenergie und Licht für Pflanzenanbau erfordert.

Die Strukturen der „Biome" sind massiv, auf einer Länge von über 1 km bei einer maximalen Spanne von 120 m angelegt. Dies ist notwendig, um das Studium ganzer Pflanzenpopulationen zu ermöglichen, was zum Verständnis von Artenvielfalt unabdinglich ist.

Die bauliche Form nutzt die spärlichen, nach Süden gerichteten Hänge innerhalb der Tongrube. Die „Biome" sind in der Mitte durch Restaurants und Besuchereinrichtungen miteinander verbunden, die das gleiche Struktur- und Hüllensystem benutzen. Komplizierte geometrische Probleme werden durch Aufgliederung der Flächen vermieden. Doch weil die baulichen Strukturen den Ebenen der Tongrube folgen, entstehen große Unterschiede, die Verzerrungen in der Hülle verursachen.

Our Eden Project for bioclimatic "glass" houses in a disused clay pit in Cornwall further develops the principles of the Waterloo International Terminal. However, in this case the form of the structure emerges not only from the complex site but also from the complex environmental criteria as well. The project aims to be a showcase of bio-diversity in the plant world and therefore gives us a greater understanding of Man's relationship to nature: In effect a demonstration of sustainability which at the beginning of the scale requires a maximum use of solar energy and light for plant cultivation.

The "Biome" structures are massive with a total length of over 1 km and a maximum span of 120 m. This is necessary if the project is to allow the study of whole plant populations, essential in understanding bio-diversity.

The structural form capitalizes on the scarce south-facing slopes within the clay pit. The "Biomes" are connected in the middle by restaurants and visitor facilities using the same structural and cladding systems. Complex geometrical problems are eliminated by breaking down the areas. However as the structure follows the pit levels, large variations in plane occur which in turn cause twisting within the envelope.

Modellfoto Photo of model

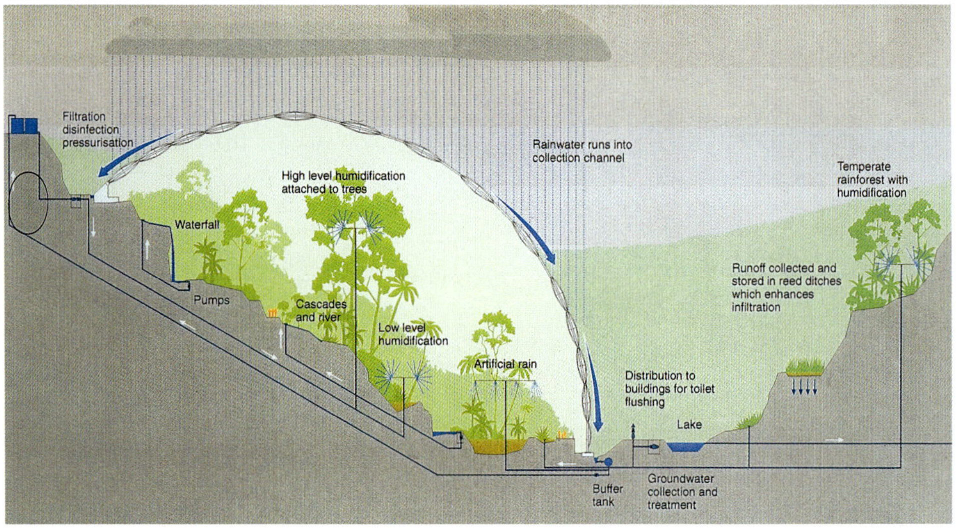

Schnitt

Section

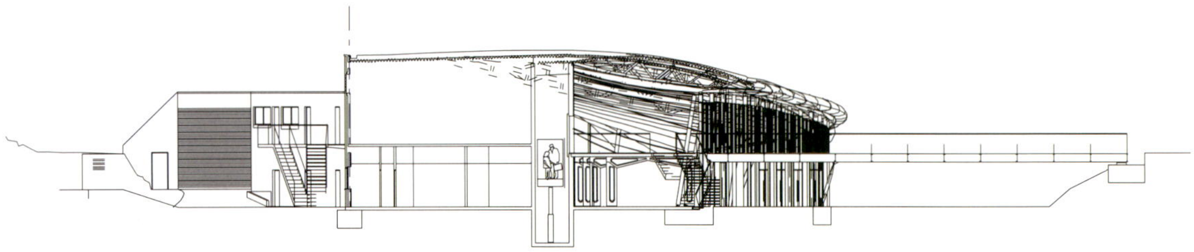

Konstruktionsschema

Structural scheme

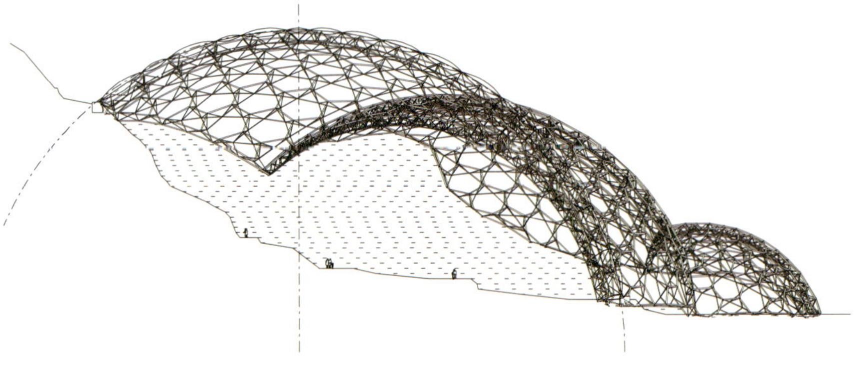

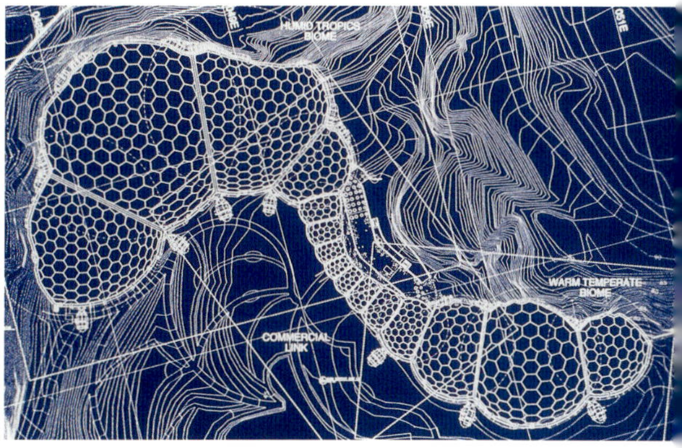

Die Maximierung von Solarenergie, die Minimierung von Wärmeverlust sowie die Kosten und die Lebensdauer bildeten für dieses Gebäude die wesentlichen Faktoren. Nach unserer Analyse ließ eine Doppelverglasung bei diesen Ausmaßen und Formen mehr als zu wünschen übrig. Daher wurde der Entwurf dahingehend entwickelt, daß ein transparentes Teflonfoliensystem zum Einsatz kam, das als dreihäutiges Kissen hergestellt und mit 300 psi (pounds per square inch) aufgeblasen wird. Diese Kissen gestatten ein besseres Durchdringen von ultraviolettem Licht niedriger Frequenz, haben bessere k-Werte und wiegen erheblich weniger als doppelverglaste Paneele. Bei einer maximalen Größe der Paneele von 10 x 3 m über den „Biomen" wird somit auch das Gewicht der primären Stahlstruktur erheblich reduziert.

Der Nachteil dieses Systems ist die auf 30 Jahre geschätzte Lebensdauer, die im Verhältnis zu Glas ziemlich niedrig ist. Aber eine weitere Schwachstelle der doppelverglasten Fläche wäre ihre Silikonversiegelung, deren Lebensdauer auf 20–25 Jahre eingeschätzt wird.

The maximizing of solar gain and the minimizing of heat loss is as essential as cost and life-span. Upon analysis double-glazing on this scale and form has proved to be less than satisfactory, and the design is being developed using a transparent Teflon foil system which is fabricated into a triple skin pillow inflated at 300 psi. These pillows allow greater penetration of low frequency ultra-violet light, have better k-value figures and weigh substantially less than double-glazed glass panels. Maximum panel size on the "Biomes" is 10 m x 3 m thus greatly reducing the weight of primary steel structure.

The down side of this system is a life-span estimated at 30 years. This is relatively low compared to glass. However the weakest link in a double glass panel is the silicone seal, estimated at about 20–25 years.

Bauherr Client
Eden Project Ltd.
Architekt Architect
Nicholas Grimshaw & Partners
Direktor Director
Andrew Whalley
Tragwerksplanung
Load-bearing Structure Design
Anthony Hunt Associates
Grundstücksfläche Plot Size
23.000 m²
Geplantes Bauende
Expected completion date
Frühjahr 2001 spring 2001

Christoph Ingenhoven, Düsseldorf

· Hochhaus der RWE AG, Essen, Deutschland
· Hochhaus am Olympiapark, München, Deutschland

· RWE AG Tower, Essen, Germany
· High-rise building at the Olympia Park, Munich, Germany

Christoph Ingenhoven, geb. 1960, Studium der Architektur an der RWTH Aachen und der Kunstakademie Düsseldorf. Seit 1993 Partnerschaft mit Jürgen Overdiek in Düsseldorf.

Zu den wichtigsten Projekten zählen: die Hauptverwaltung der RWE AG, Essen, das Hochhaus am Olympiapark in München, der Hauptbahnhof Stuttgart, die Wan Xiang International Plaza, Shanghai, die Hauptverwaltung der Stadtsparkasse Düsseldorf, Messearchitektur für AUDI, der Hauptbahnhof Essen sowie Projekte für Hochhäuser am Lehrter Bahnhof und am Alexanderplatz, Berlin.

Christoph Ingenhoven, born in 1960, studied Architecture at the RWTH Aachen and the Kunstakademie (Arts Academy) Düsseldorf. Since 1993 he has been in partnership with Jürgen Overdiek in Düsseldorf.

His most important projects include, alongside the RWE AG main administration building and the high-rise building at the Olympia Park in Munich, the main station in Stuttgart, the Wan Xiang International Plaza, Shanghai, the main administration building for the Stadtsparkasse Düsseldorf, Trade show architecture for AUDI, the main station in Essen as well as projects for high-rise buildings at the Lehrter station and at the Alexanderplatz (Alexander Square), Berlin.

Schon seit einem Wettbewerbsentwurf für die Hauptverwaltung der Commerzbank AG in Frankfurt interessiert mich Glas als wesentliches Element ökologisch orientierter Gebäudeplanung, und wir setzen uns in all unseren laufenden Projekten sehr intensiv mit architektonischen und bauphysikalischen Aspekten dieses Baustoffes auseinander.

I have been interested in glass as an essential element of ecologically oriented building since submitting a design to a project competition involving the Bank of Commerce's main administration building in Frankfurt. In all our current projects since then we have intensively been trying to come to terms with the architectural and physical aspects of this building material.

Hochhaus der RWE AG, Essen

RWE AG Tower, Essen

Das Hochhaus für die RWE AG vereint eine Vielzahl von Parametern, die ein ökologisch orientiertes Gebäude definieren, und es ist uns in diesem Projekt zum ersten Mal gelungen, eine neue Generation des europäischen Hochhauses zu realisieren. Die Qualität der natürlichen Ventilation, der Tageslichtoptimierung, der Nutzung solarer Gewinne, die Optimierung des Verhältnisses von Volumen zur Oberfläche und die Kommunikation von Mensch zu Mensch standen dabei im Vordergrund: Ökologische Gebäude können demzufolge hochentwickelte technologische Produkte sein.

The REW Tower combines quite a number of parameters that define an ecologically-oriented building and, for the first time, we successfully managed to realize a new generation of European high-rise buildings in this project. Our main goals were the qualities of natural ventilation, of optimum daylight distribution, of utilizing solar gains, of optimizing the relationship of the building's volume to its surface and the communication between people: Hence, ecological buildings may be highly developed technological products.

Bauherr Client
Hochtief Projektentwicklung GmbH + Co.
DLZ Stern oHG, Essen
Architekt Architect
Ingenhoven Overdiek und Partner, Düsseldorf
Tragwerksplanung
Load-bearing Structure Design
Hochtief AG, Hauptniederlassung Rhein-Ruhr / Hoch- und Ingenieurbau, Essen; Büro Happold Consulting Engineers Ltd., Bath/Düsseldorf
Konstruktive Fassadenplanung
Constructive Facade planning
Josef Gartner + Co. Werkstätten für Stahl- und Metallkonstruktion, Gundelfingen
Grundstücksfläche Plot Size
ca. 860 m² Hochhaus / ca. 4.800 m² Gartenebene
approx. 860 m² High-rise building / approx. 4,800 m² Garden level
Gebäudefläche Base
25.200 m² Hochhaus / 36.000 m² Gesamt
25,200 m² High-rise building / 36,000 m² Total
Bauzeit Building time
Juli 1994 – Dezember 1996
July 1994 – December 1996

Detail
Detail

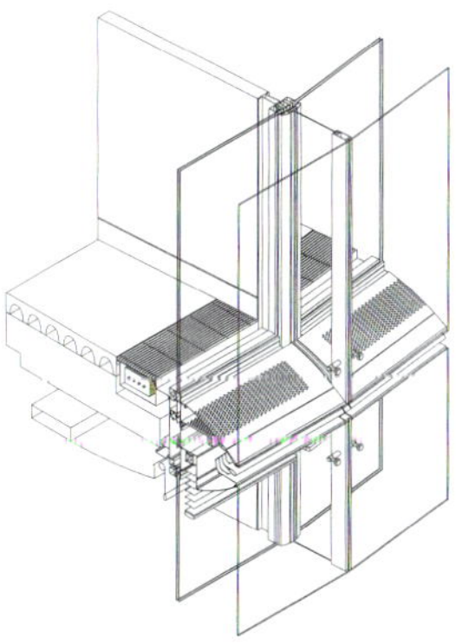

Grundriß
Plan

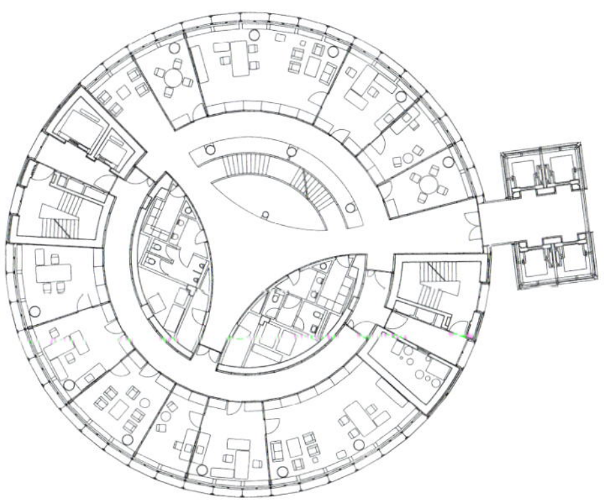

Schnitt
Section

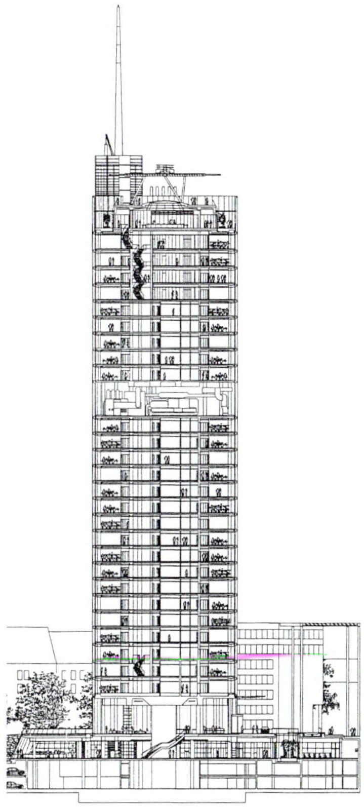

Hochhaus am Olympiapark, München

High-rise building at the Olympia Parc, Munich

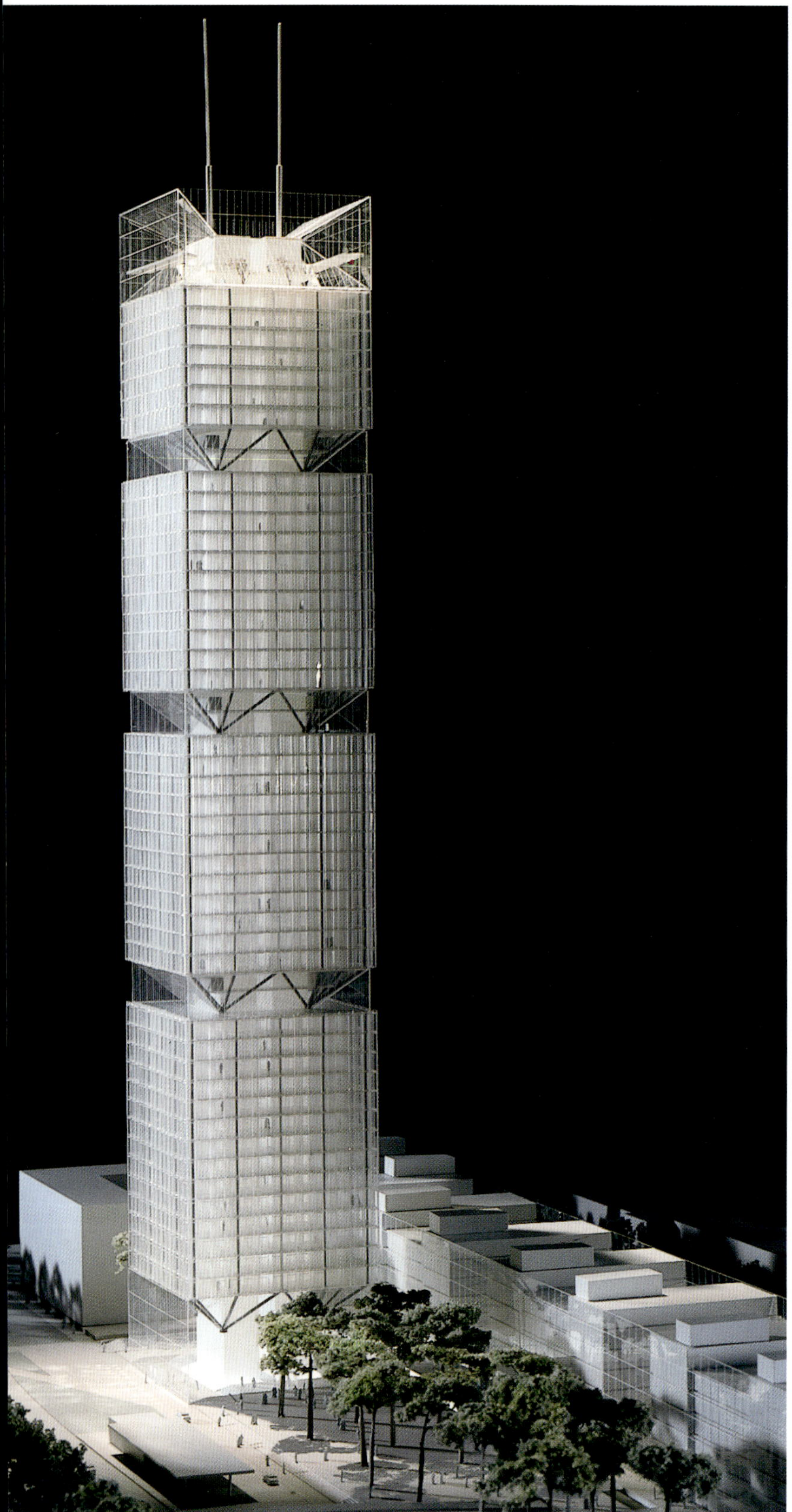

Schnitt
Section

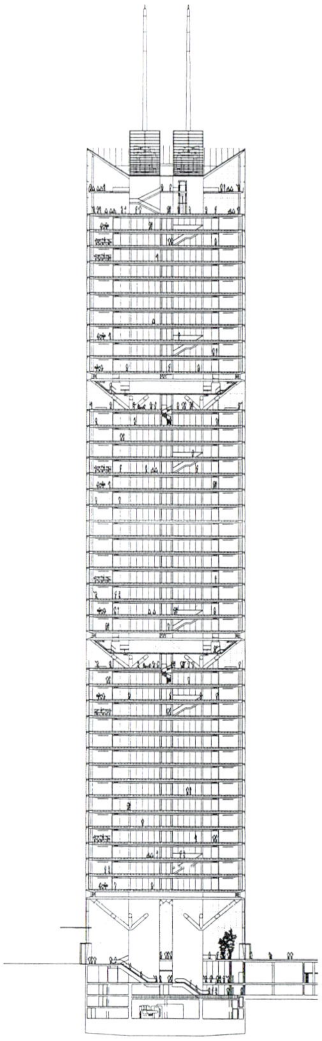

In München planen wir derzeit ein 200 m hohes Gebäude mit weit mehr als 4.000 gleichen Fassadenelementen. Die Zeit, die uns zur Planung einer solchen Fassade zur Verfügung steht, nutzen wir, um ein neuartiges „atmendes" Fassadenelement zur natürlichen Be- und Entlüftung des Gebäudes zu entwickeln: Das Hochhaus erhält eine geschoßhoch verglaste zweischalige Fassadenkonstruktion mit Öffnungsflügeln in der inneren und äußeren Fassadenschicht.

Presently we are planning a high-rise building for Munich which is 200 m tall and has more than 4,000 equal façade elements. The time period at our disposal for the planning of such a façade will be used to develop a novel "breathing" façade element for air input and extract ventilation of the building. This high-rise building features a glazed double layer façade construction of one storey height with opening wings in the internal and external layer.

Detail
Detail

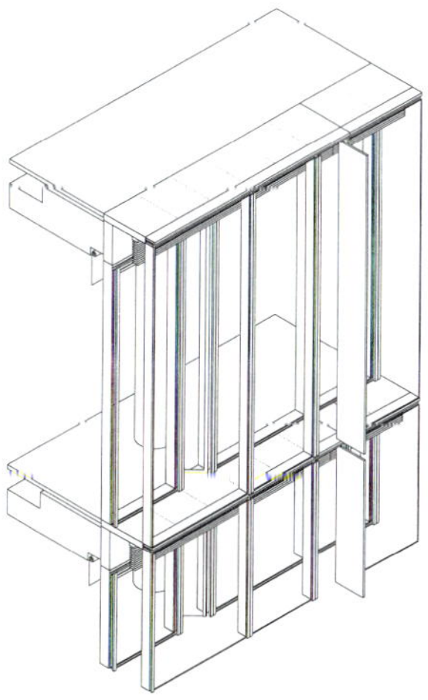

Bauherr Client
REMS Grundstücksverwaltungsgesellschaft mbH
Architekt Architect
Ingenhoven Overdiek und Partner, Düsseldorf
Tragwerksplanung
Load-bearing Structure Design
Boll und Partner; Leonhardt, Andrä und Partner
Konstruktive Fassadenplanung
Constructive façade planning
AMP, Albrecht Memmert und Partner, Neuss
Grundstücksfläche Plot Size
28.950 m²
Gebäudefläche Base
60.000 m² Hochhaus / 102.000 m² Gesamt
60,000 m² High-rise building / 102,000 m² Total
geplante Bauzeit Planned Building time
30 Monate 30 months

Lindner Roettig Klasing & Partner (LRK), Düsseldorf

· Ein „Intelligentes" Dach –
Neubau Westdeutsche Landesbank, Düsseldorf, Deutschland

· An "intelligent" Roof –
New Westdeutsche Landesbank, Düsseldorf, Germany

Otto Lindner (oben links), geboren 1929, Studium an der Ingenieurschule für Bauwesen in Idstein, seit 1965 eigenes Büro, seit 1972 Partnerschaft mit Helmut Roettig, dann Uwe Klasing und Peter-Uwe Möller.

Helmut Roettig (oben rechts), geboren 1935, Ingenieurschule in Nienburg und Studium an der Technischen Hochschule Aachen, seit 1956 Tätigkeit als Architekt, seit 1972 Partnerschaft mit Otto Lindner.

Uwe Klasing (unten rechts), geboren 1955, Studium der Freien Künste, Architektur und Baukunst. Seit 1984 freischaffender Architekt, seit 1990 Partnerschaft mit Otto Lindner und Helmut Roettig.

Peter-Uwe Möller (unten links), geboren 1950, Architekturstudium, 1991-1996 Geschäftsführer einer Gesellschaft für schlüsselfertiges Bauen, seit 1996 Partnerschaft mit LRK.

Otto Lindner (top left), born in 1929, studied at the Engineering School for construction in Idstein, since 1965 he has his own office, since 1972 he is in partnership with Helmut Roettig, Uwe Klasing and Peter-Uwe Möller.

Helmut Roettig (top right), born 1935, Engineering School in Nienburg and studied Technical College Aachen, since 1956 he has been working as an architect, since 1972 partnership with Otto Lindner.

Uwe Klasing (below right), born in 1955, studied Arts and Architecture. Since 1984 he has been working independently as an architect, since 1990 in partnership with Otto Lindner and Helmut Roettig.

Peter-Uwe Möller (below left), born in 1950, studied Architecture, 1991-1996 Managing Director of a society for turnkey handover building, since 1996 partnership with LRK.

Der Baustoff Glas hat in unseren Projekten höchsten Stellenwert durch die Vielschichtigkeit seiner Anwendungsmöglichkeiten. In Zukunft könnten gläserne Lichtumlenksysteme tagsüber Beleuchtungsenergie sparen. Gläserne Konstruktionen könnten vermehrt statische Aufgaben übernehmen und damit neue Lösungen bewirken.

The building material glass has played a significant role in our projects as it is possible to use the material in various ways. In the future, glassy light diversion systems can save lighting energy during the day. Glassy constructions can increasingly take over static jobs which result in new solutions.

Ein „Intelligentes" Dach – Neubau Westdeutsche Landesbank, Düsseldorf

An "intelligent" Roof – New Westdeutsche Landesbank, Düsseldorf

Vom Gesichtspunkt der Verwendung eines „Intelligenten" Glasdaches ist das neue Gebäude der Westdeutschen Landesbank in Düsseldorf von besonderem Interesse. Dieses Gebäude ist in zwei Baukörper gegliedert. Der eine ist sechsstöckig und trägt eine gerasterte Fassade nach außen. Der andere wendet sich mit einer zweischaligen Fassadenkonstruktion nach außen. Beide Baukörper bilden nach innen zwei Höfe – der eine ist offen, der andere mit einem Glasdach bedeckt. Dieses besteht aus einer einachsig dem Sonnenstand nachfahrbaren Glaslamellenanlage, die auf eine Pultdachverglasung aufgesetzt wurde. Durch sie kann, entsprechend der momentanen thermischen Verhältnisse, der Anteil der reflektierten Solarenergie variiert werden. Zum anderen können bei diffuser Sonneneinstrahlung die Lamellen vertikal eingestellt werden, so daß ein Maximum an diffusem Tageslicht in das Atrium fällt und der Einsatz von Kunstlicht begrenzt werden kann. Da in beiden Fällen die Dachfläche ihre Transparenz behält, ist dieses Projekt aus ästhetischen und vorrangig aus ökologischen Gesichtspunkten wichtig.

From the viewpoint of using an "intelligent" glass roof the new building of the Westdeutschen Landesbank in Düsseldorf is of special interest. This building is arranged in two units. One is a six storey cube with a patterned façade. The other connects to it with a twin-faced façade. Both units together form two courts on the inside – one open and the other closed and covered by glass. The covering consists of an arrangement of glass shutters moving along the solar positions on one axis. They are mounted on a pent roof over the atrium. With this arrangement the amount of reflected solar energy is varied according to the thermic conditions of the moment. In the case of diffuse solar irradiation, the shutters can be positioned vertically to let a maximum of diffuse daylight enter the atrium so as to limit the use of artificial lighting. Since the surface of the roof maintains its transparency in both cases, this project is important not only for aesthetic but also for ecological reasons.

Konstruktionsdetail

Detail of construction

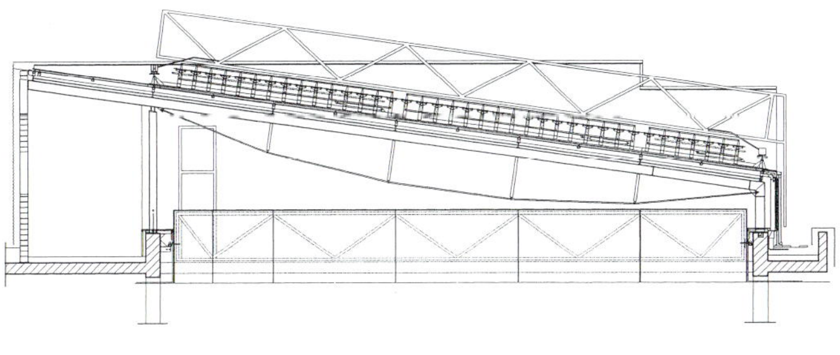

Funktionsschema

Functional scheme

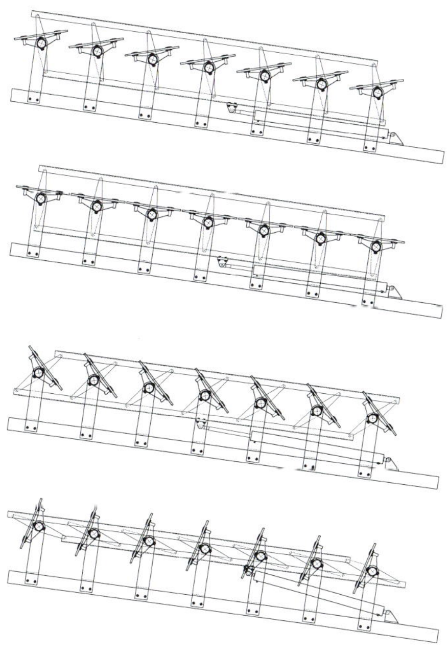

Bauherr Client
Westdeutsche Landesbank
Architekt Architect
Lindner Roettig Klasing & Partner Gbr
Tragwerksplanung
Load-bearing Structure Design
LWS Ingenieurgesellschaft f.
Tragwerksplanung
Glaskonstruktion Planung
Glass Construction Planning
Ingenieurbüro Rache und Wilms
Glaskonstruktion Ausführung
Contractor Glass Construction
Thierron
Glas-Sonnenschutz
Glass-sunprotection
ADO Solar
Grundstücksfläche Plot Size
2.383 m²
Gebäudefläche Base
1.691 m²
Bauzeit Building time
Juni 1997 – Oktober 1998
June 1997 – October 1998

Ian Ritchie, London

- Bioklimatische Fassaden, Museum La Villette, Paris, Frankreich
- Neue Messe, Glashalle, Leipzig, Deutschland

- Bioclimatic Façades at the La Villette Museum, Paris, France
- New Trade Fair Glass Hall, Leipzig, Deutschland

Ian Ritchie, geboren 1947, Studium der Architektur in Liverpool und London, seit 1981 Gründer und Inhaber des Büros „Ian Ritchie Architects" in London mit Büros in Berlin, Paris (Mitbegründer von Rice Francis Ritchie (RFR) in Paris) und Leipzig (1993-1996).

Zu seinen wichtigsten Bauten gehören die Glashalle der Neuen Messe Leipzig, die Bioklimatischen Fassaden für das Technische Museum in La Villette (RFR), die Glaspyramide des Louvre in Paris (RFR), das Reina Sofia Museum für Moderne Kunst in Madrid. Der Schwerpunkt seiner Arbeit liegt auf Museums- und Theaterbauten in Verbindung mit Glaskonstruktionen.

Auszeichnungen: Commonwealth Association of Architects Award für Innovation (1994), Benedictus Award (1997), Civic Trust Award (1998), RFAC Building of the year (Arts, 1998).

Ian Ritchie, born 1947, studied Architecture in Liverpool and London, since 1981 founder and owner of "Ian Ritchie Architects" in London with Liaison Offices in Berlin, Paris (co-Founder of Rice Francis Ritchie, RFR, in Paris) and Leipzig (1993-1996).

His most important projects include the Glass Hall of the International Exhibition Centre in Leipzig, Bioclimatic Façades for the Technical Museum in La Villette (RFR), pyramids for the Louvre in Paris (RFR), the Reina Sofia Museum for Modern Art in Madrid. His special interests are in museology, theater, engineering and glass.

Awards include: The Commonwealth Association of Architects Award for Innovation (1994), Benedictus Award (1997), Civic Trust Award (1998), RFAC Building of the year (Arts, 1998).

Bioklimatische Fassaden, Museum La Villette, Paris

Bioclimatic Façades at the La Villette Museum, Paris

This is the architectural and engineering design and realization of three grand bioclimatic façade elements and the central roof of the new National Museum of Science, Technology and Industry in France. These elements are key aspects of the building's architecture. They act as intermediate zones between the outside and the inside of the building, filtering light and energy and demonstrating the benefits which can be derived from the sun.

Planned to be animated by plants and technology, these three "shop windows" have been conceived:

- "technologically" based
  - direct sunlight
  - energy conservation
  - maintenance
  - future evolution and change
- "architecturally" based
  - transparency
  - tension
  - didactic role
- "industrially" based
  - innovation in structure, glass, material and design.

Am Neubau des französischen Nationalmuseums für Wissenschaft, Technologie und Industrie wurden Architektur und Konstruktion von drei großen bioklimatischen Fassadenelementen sowie das Zentraldach von Ian Ritchie entworfen und realisiert. Diese Elemente bilden die Hauptaspekte der Architektur des Gebäudes. Sie funktionieren als Zonen zwischen der Außen- und Innenseite des Gebäudes. Sie filtern Licht und Energie und demonstrieren den Gewinn, der von der Sonne erhalten werden kann.

Die drei „Schaufenster", die mit Pflanzen und technologischen Exponaten belebt werden, sollen folgende Kriterien erfüllen:

- „technologisch"
  - direktes Sonnenlicht
  - Energieersparnis
  - Wartung
  - Entwicklungen und Veränderungen
- „architektonisch"
  - Transparenz
  - Spannung
  - Didaktik
- „industriell"
  - Innovation in Struktur, Glas, Material und Design.

Bauherr Client
EPPV (Etablissement public
du parc de la Villette)
Architekt Architect
Adrien Fainsilber
in Kooperation mit / in cooperation with
Rice Francis Ritchie (RFR)
Stahl-Glaskonstruktion
Steel-glass construction
CFEM
Konstruktion Site construction
Januar 1985 – März 1986
January 1985 – March 1986

Die insgesamt aus rostfreiem Stahl bestehende Struktur von 32 m x 32 m x 8 m ist aus vertikalen und horizontalen Rohren (Durchmesser 300 mm) zusammengesetzt. Sie bilden 8 m x 8 m Doppelfenster mit einer horizontalen Stützebene gegen den Wind auf jedem 8 m-Niveau. Die ganze Struktur ist an ihrer Basis befestigt und nach hinten auf jedem Zwischenniveau horizontal an runden Servicetürmen festgehalten.

Die Glasverbindung zeigt ein innovatives Design mit aufgehängten Paneelen von 2 m x 2 m aus gehärtetem, klarem Glas. Gegen Winddruck werden diese alle 2 m vertikal durch ein einziges horizontales Kabelsystem gesichert.

The completely stainless steel structure 32 m x 32 m x 8 m is composed of vertical and horizontal tubes (300 mm in diameter) forming 8 m x 8 m bays, and at each 8 m level, a horizontal wind bracing plane. The whole structure is anchored at its base and at each intermediate level pinned horizontally to circular concrete service towers at the rear.

The glass assembly is an innovative design of suspended clear toughened glass pannels each 2 m x 2 m, restrained against wind action by a unique horizontal cable system every 2 m vertically.

Konstruktionsdetail
Detail of Construction

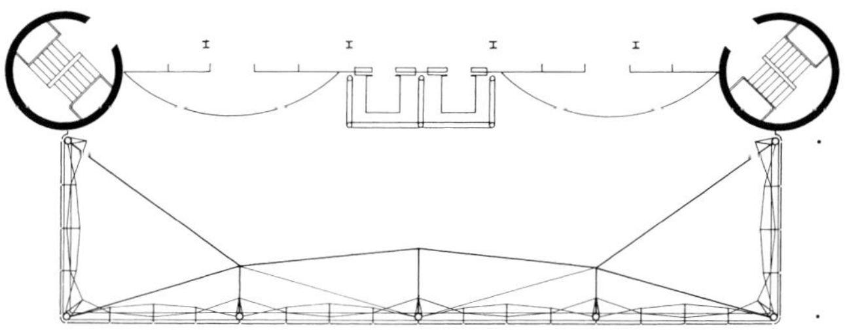

Schema
Scheme

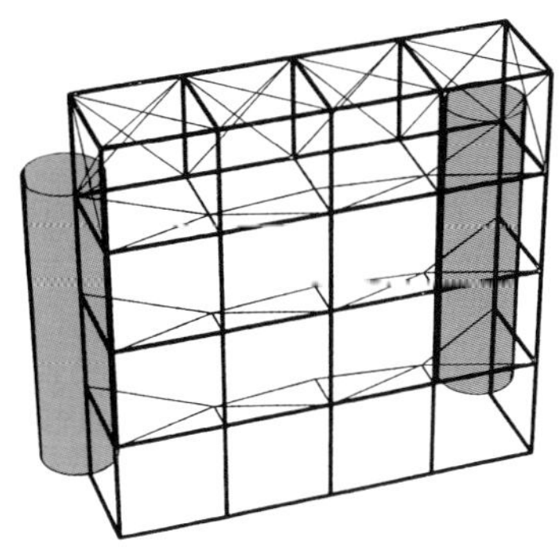

Neue Messe, Glashalle, Leipzig, Deutschland

New Trade Fair Glass Hall, Leipzig, Germany

Das Büro Ian Ritchie Architects wurde von Volkwin Marg (von Gerkan, Marg und Partner, gmp) eingeladen, die zentrale Glashalle des Neubaus der Leipziger Messe zu entwerfen. Den dafür ausgeschriebenen internationalen Wettbewerb hatte gmp 1992 gewonnen.

Ian Ritchie Architects erdachten und entwickelten Entwurf, Struktur und Glashülle, die als Empfangshalle, als Erholungsfläche und als Tagungsort für die Besucher dienen sollte, ferner die sieben Glasbrücken, die diese Wintergärten mit der Messe und den Konferenzhallen verbinden.

Innen ist die Glashalle 79 m breit, 237 m lang und am Scheitelpunkt 28 m hoch. Die gewölbte Struktur ist aus einer äußeren einflächigen orthogonalen Netzschale mit einer Spanne von 80 m aus Standardrohren zusammengesetzt und wird alle 25 m durch primäre Bögen versteift. Die Hülle wird von Flächen (1,5 m x 3,125 m) aus eisenarmem laminiertem Glas gebildet, die 0,5 m von der Netzschale abgehängt sind. Die Hülle enthält unauffällige Ventilations- und Rauchextrakt-Öffnungen, die Haupteingänge und Notausgänge.

Diese Glashalle ist das größte Glasgebäude des 20. Jahrhunderts (als Einzelvolumen). Sie wurde in elf Monaten gebaut und am 12. April 1996 eröffnet.

Ian Ritchie Architects were invited by Volkwin Marg (of Gerkan, Marg & Partners, gmp) to design the central glass hall of the new Leipzig Messe, which gmp won in an international competition in 1992.

Ian Ritchie Architects conceived and developed the design of the structure and glass enclosure, which provides reception, relaxation and meeting areas for visitors, and the seven glass link bridges which connect these wintergardens to the trade exhibition and conference halls.

Inside, the glass hall is 79 m wide, 237 m long and 28 m high at the apex. The vaulted structure is composed of an external orthogonal single layer grid shell spanning 80 m, of uniform tube diameter and stiffened by primary arches at 25 m centers. The envelope is composed of low-iron laminated glass panels measuring 1.5 m x 3.125 m, suspended 0.5 m from the grid shell. It includes discreet ventilation and smoke extract opennings as well as main entrances and fire escape exits.

The glass hall is the largest single volume glass building of the 20th century. Construction of the glass hall was completed in eleven months and officially opened on April 12th 1996.

Schnitt
Section

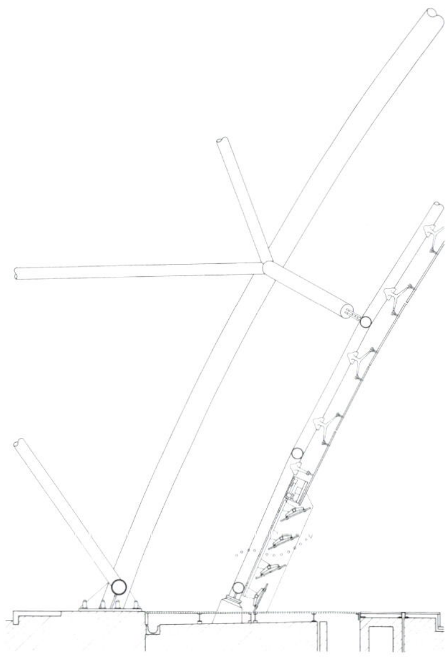

Schnitt
Section

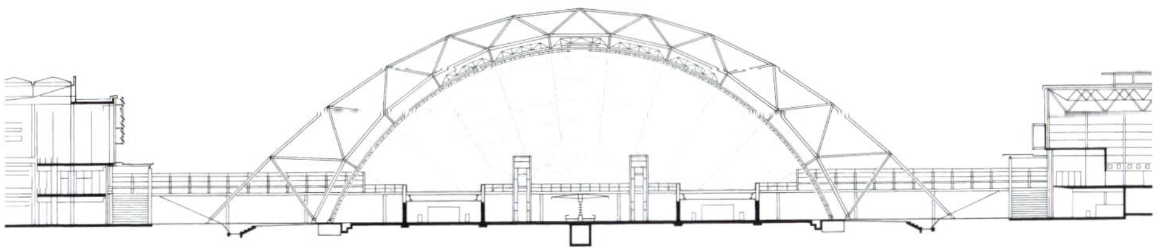

Bauherr Client
Leipziger Messegesellschaft mbH
Architekt Architect
gmp – von Gerkan, Marg und Partner
in Kooperation mit in cooperation with
Ian Ritchie Architects
Glas-Strukturen Glass Engineering
Ian Ritchie Architects
Ausführung Glaskonstruktion
Contractor Glass construction
ARGE Mero-Seele
Gesamtgrundfläche Ground Floor Area
20.000 m²
Bauzeit Building time
1995-1996

Jean-Marie Charpentier, Paris

· Neue Oper, Shanghai, China

· New Opera House, Shanghai, China

Jean-Marie Charpentier, geboren 1939, Studium der Architektur und Stadtplanung an der Universität Paris, gründete 1969 die Agentur arte jean-marie charpentier in Paris. Seit 1992 ist er Präsident von arte jean-marie charpentier et associés, wo inzwischen rund 70 Mitarbeiter beschäftigt sind.

Charpentier hat in Europa, Asien und im Mittleren Osten zahlreiche Projekte und Bauten durchgeführt, sein Interesse gilt daneben auch großen Stadtplanungsprojekten.

Auszeichnungen: Ritter der Ehrenlegion, Mitglied der „Académie d'Architecture", Präsident der commission permanente der „l'union Internationale des Architectes".

Jean-Marie Charpentier, born in 1939, studied Architecture and Town Planning at the University of Paris. He founded the agency arte jean-marie charpentier in Paris in 1969. Since 1992 he is President of the arte jean-marie charpentier et associés, which employs about 70 persons.

Charpentier has realised numerous projects and buildings in Europe, Asia and the Middle East. He is also inter-ested in large-scale town planning projects.

Awards: Chevalier de l'ordre de la Légion d'Honneur, member of the "Académie d'Architecture", President of the commission permanente of "l'union Internationale des Architectes".

Neue Oper, Shanghai

New Opera House, Shanghai

Die Verglasung der Foyers der neuen Oper von Shanghai ist eine wesentliche Komponente dieses zeichenhaften Bauwerks.

Von einem Auslegerbalken aus Stahlseilen oberhalb der Eingangshalle sind Trägergitter aus Stahlseilen abgehängt. Die Glaspaneele der Fassade werden an diesem Gitter mit bündigen Punktbefestigungen gehalten.

Horizontale und vertikale Kabel sorgen für eine Versteifung des Glasvorhanges, der die geräumige Eingangshalle mit ihren monumentalen Marmorsäulen und Treppenaufgängen umhüllt.

Ein auf das kristallklare Glas mit Siebdruck aufgebrachter Dichteverlauf sorgt tagsüber für Sonnenschutz und nachts für einen laternenartigen Schein. So entsteht ein glitzerndes Schauspiel aus Glas und Licht auf dem Platz des Volkes im Zentrum von Shanghai.

The glazed foyer of the New Shanghai Opera House is a major feature of this particularly symbolic building.

Cable lattice trusses are suspended from a cantilevered steel beam above the foyer area to which glass façade panels are fixed using flush finished point fixings.

Horizontal and vertical cables provide bracing to the glass curtain which envelops the spacious entrance hall with its monumental marble columns and staircases.

Graduated density silk screen printing on the crystal clear glass provides sun protection during the day and a lantern-like glow at night, offering a glittering spectacle of glass and light in the centre of Shanghai, the People's Square.

Grundriß
Plan

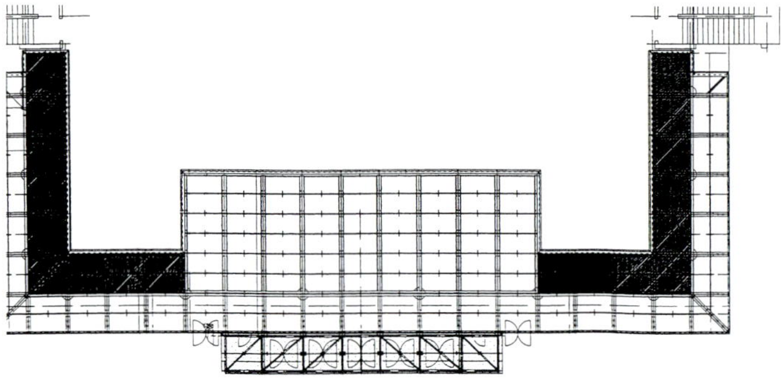

Detail
Detail

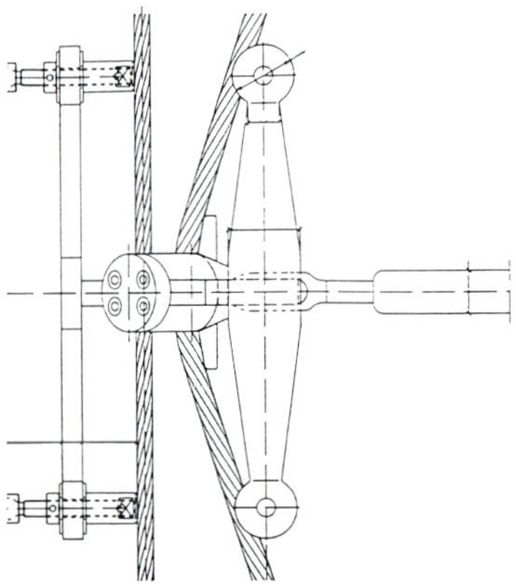

Ansicht Front
Front view

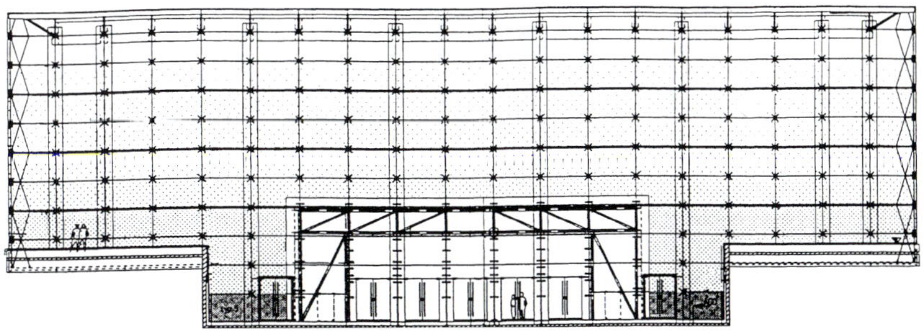

Bauherr Engineering
Engineering Department of
Shanghai Theater
Architekt Architect
arte jean-marie charpentier et associés
Tragwerksplanung
Load-bearing Structure Design
ECADI
Stahl-Glaskonstruktion
Steel-glass construction
Seele GmbH & Co. KG
Glasflächen Glass Surface
3.600 m² Glasfassaden und -dächer
3,600 m² Glass façades and -roofs
Bauzeit Building time
1998

Adrien Fainsilber, Nanterre

· Neues Museum für moderne und zeitgenössische Kunst, Straßburg, Frankreich

· New Museum of Modern and Contemporary Art, Strasbourg, France

Adrien Fainsilber, geboren 1932 in Frankreich, Studium der Architektur in Paris und Kopenhagen, 1961/62 tätig in den USA als Landschaftsarchitekt. Seit 1970 eigenes Büro.

Zu seinen wichtigsten Projekten gehören: das Neue Museum für moderne und zeitgenössische Kunst in Straßburg, das Museum der Schönen Künste in Clermont-Ferrand, das Nationalmuseum für Wissenschaft Technologie und Industrie La Villette in Paris, das Gerichtsgebäude in Avignon.

Auszeichnungen: Grand Prix d'Architecture (1986), Ritter der Ehrenlegion (1987), August Perret Preis (1994), Officer of Arts et Lettres (1997).

Adrien Fainsilber, born in 1932 in France, studied Architecture in Paris and Copenhagen. 1961/62 he worked in the United States as a landscape architect. Since 1970 he has been running his own office.

His most important projects include: The New Museum of Modern and Contemporary Art in Strasbourg, The Fine Arts Museum in Clermont-Ferrand, the National Museum of Science, Technology and Industry La Villette in Paris, the new court-house for the City of Avignon.

Awards and prizes: Grand Prix d'Architecture (1986), Chevalier de la Légion d'honneur (1987), August Perret Prize (1994), Officer of Arts et Letres (1997).

Neues Museum für moderne und zeitgenössische Kunst, Straßburg

New Museum of Modern and Contemporary Art, Strasbourg

Die im „Museum für moderne und zeitgenössische Kunst" in Straßburg verwendete Glasstrukturtechnik ist von einem bestimmten System abgeleitet. Dieses wurde von uns in Verbindung mit dem Ingenieur Peter Rice und seinen Mitarbeitern anläßlich der Realisation der „Stadt der Wissenschaften und der Industrie" 1980-1986 erfunden und angewendet.

Wir hatten uns vorgenommen, neue Techniken der Konstruktion zu entwickeln, welche insbesondere dazu dienen sollten, Fortschritt für die Glasindustrie zu bringen.

Seit ihrer Erfindung wird diese Glasstrukturtechnik in der ganzen Welt angewendet und bedeutet eine wichtige Entwicklung in der Nutzung von Glas, um ein Maximum an Transparenz und Leichtigkeit zu erreichen: Die traditionellen Befestigungsweisen verschwinden zugunsten einer total ebenen Fläche, die nur durch die Spiegelung des Himmels und der Umgebung materialisiert wird.

Bei der Planung des Museumsschiffes gingen wir noch weiter: lokale Bedingungen erforderten eine erdbebensichere Konstruktion. Wir verwendeten isoliertes Glas, weil die Belüftung über Klimaanlage vorgegeben war.

Der Entwurf der Fassade des Museumsschiffes folgt einer strengen hierarchischen Struktur, die alle überflüssigen Elemente und Materialien ausschließt. Sie ist das Ergebnis einer engen Zusammenarbeit zwischen Architekten, den Ingenieuren des Forschungsbüros Peter Rice (RFR) und der industriellen Glasverarbeitung der Firma Seele.

The technique used for the nave of the Museum of Modern and Contemporary Art in Strasbourg is an elaboration of the suspended structural glazing system that we created with the engineer Peter Rice (RFR) for the National Museum of Science and Industry at La Villette, Paris in 1980.

Our goal was to create an innovative design that would stimulate new building techniques as in the glass industry.

Since this invention, suspended structural glazing can be seen in projects all over the world. It represents an important development in the use of glass to achieve the utmost transparency and lightness. Traditional mullions disappear to make place for a completely smooth surface that becomes tangible by mirroring the sky and surroundings.

For the design of the nave in Strasbourg we have gone further. Local conditions made antisismique protection necessary and since the museum is air conditioned insulated glass was to be used.

The facade design follows a strict hierarchy that eliminates any superfluous element or material. It is the result of close teamwork between the architects, the engineers of the Peter Rice research office (RFR) and the steel and glass structuring production of Seele.

Die Elemente, aus welchen die Fassade besteht, sind in absteigender Folge vom Gesamten bis zum Detail klassifiziert:

- Das Röhrenskelett der Struktur in farbigem Stahl
- Die Drahtverspannung aus vorgespannten nicht-rostenden Stahlseilen
- Das (federnde) Aufhängesystem für das Glas
- Das Glas und seine Befestigungsdetails

Die Punktbefestigungen für die Isolierverglasung der großen Halle wurden von Seele mit dem Glashersteller neu entwickelt. Jedes Element ist direkt als integrierter Teil der gesamten Struktur identifizierbar.

Das wertvolle Aussehen der Verbindungsstücke verbindet sich mit der Nüchternheit der Komposition und verleiht dem Schiff des „Museums für moderne und zeitgenössische Kunst" zugleich einen Ausdruck von Monumentalität und Leichtigkeit.

Unser Büro hat seitdem die Untersuchung und Realisation mehrerer „Glasarchitekturen" vorangetrieben, die erneuerbare Energie einfangen, um größeren Komfort bei geringeren Kosten für die Bewohner zu schaffen.

Querschnitt: Ausstellungsräume, dahinter verglaste Front
Cross-section: exhibit spaces with the glazing elevation in the back

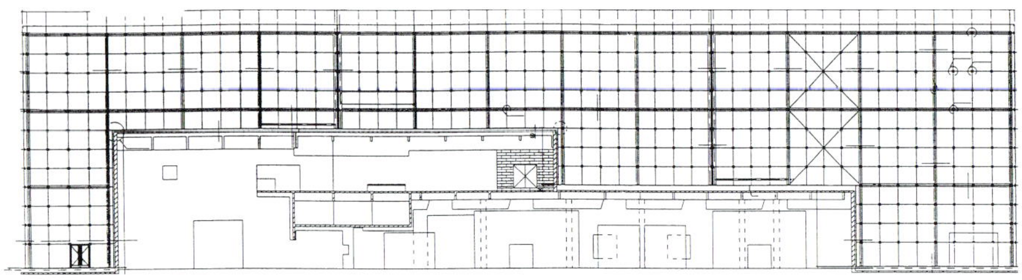

Südfassade des Glasschiffes
South-façade of the glass nave

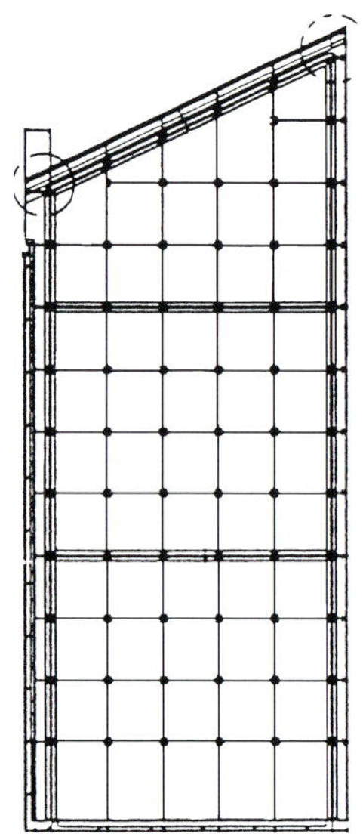

The elements of the façade are classified by a descending order from the whole to the detail:

- The tubular skeleton in colored steel
- The cable spacer consisting of pretensed stainless steel ropes
- The spring suspension system for the glass
- The glass and its fixing details

The point mountings for the insulation glazing of the large hall were newly developed by Seele together with the glass manufacturer. Each element directly is identifiable as an integral part of the whole structure.

The jewel like connective elements combine with the sobriety of the composition and confer upon the nave of Museum of Modern and Contemporary Art an expression of monumentality and lightness.

Our office has since continued our research in the designing of several "glass architectures" capable of capturing renewable energy to enhance the well being and decrease costs in upkeep for the user.

Detail: Fassadenelement

Detail: Façade element

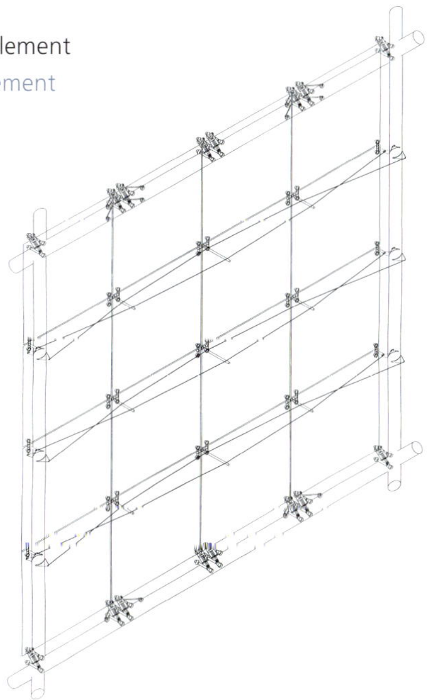

Bauherr Client

Ville de Strasbourg

Architekt Architect

Adrien Fainsilber, Nanterre/Paris

Tragwerksplanung

Load-bearing Structure Design

Ingenieure Peter Rice RFR

Stahl-Glaskonstruktion

Steel-glass construction

Seele GmbH & Co. KG

Flächen Areas

ca. 2.400 m² Glasfassade

approx. 2,400 m² Glass façade

Bauzeit Building time

Januar – September 1996

January – September 1996

Werner Sobek, Stuttgart

· Street Furniture Designer Line für JCDecaux, Paris, Frankreich
· Glasfassade des New International Airport, Bangkok, Thailand

· Street Furniture Designer Line for JCDecaux, Paris, France
· Glazed Façade of the New International Airport, Bangkok, Thailand

Werner Sobek, geboren 1953, Studium Architektur und Bauingenieurwesen, Promotion in Bauingenieurwesen an der Universität Stuttgart, seit 1990 ordentl. Professor, zuerst an der Universität Hannover, dann Stuttgart (Nachfolger von Frei Otto), seit 1995 Direktor des Instituts für leichte Flächentragwerke, seit 1991 eigenes Ingenieurbüro (heute: Werner Sobek Ingenieure GmbH).

Zu seinen wichtigsten Projekten gehören (zusammen mit dem Architekten Helmut Jahn) Tragwerksplanungen für den Flughafen Bangkok, das Sony Center am Potsdamer Platz in Berlin, die Generaldirektion der Deutschen Post AG in Bonn, der Flughafen München Terminal 2, der Shanghai-Pudong International Airport.

Auszeichnungen: u. a. Benedictus Award Special Merit, San Francisco (1998), Hubert Rüsch-Preis des Deutschen Beton-Vereins (1989).

Werner Sobek, born in 1953, studied Architecture and Civil Engineering, received his doctoral degree in Civil Engineering at the University of Stuttgart, since 1990 full Professor, first at the University of Hanover, then Stuttgart (successor to Frei Otto), since 1995 Director at the Institute for Light Surface Supporting Systems, since 1991 he has had his own engineering office (today known as Werner Sobek Ingenieure GmbH).

His most important projects include (in co-operation with architect Helmut Jahn) support systems plannings for the airport in Bangkok, the Sony Center at the Potsdam Square in Berlin, the General Post Building for the German Post Office AG in Bonn, Terminal 2 at Munich airport, the Shanghai-Pudong International Airport.

Awards: Benedictus Award Special Merit, San Francisco (1998), Hubert Rüsch-Preis of the Deutschen Beton-Verein (1989).

Street Furniture Designer Line für JCDecaux, Paris

Street Furniture Designer Line for JCDecaux, Paris

Die Entwurfsreihe besteht aus einer Bushaltestelle, einem Zeitungskiosk und einer Litfaßsäule, die vollkommen aus Glas sind.

In diesem Projekt wird die Einfachheit des Bauens mit Glas auf die Spitze getrieben: Es gibt keine geklebten Teile mehr. Nur wenige, sorgfältig gestaltete metallische Verbinder halten die einzelnen Glastafeln zusammen. Die Teile sind nicht nur leicht fügbar, sondern auch leicht entfügbar. Das bedeutet auch, daß sie leicht recycelbar sind. Das Gebäude kann ebenso leicht auseinandergenommen werden wie es zusammensetzbar ist, sodaß es keine Spuren hinterläßt.

The series of designs comprises of a bus stop, a newspaper kiosk and an advertising column, all of which are constructed completely of glass.

In this project the simplicity of glass construction has been pushed up to the extreme: None of the parts are glued together. Only a very few carefully designed metal connectors hold the individual panes of glass together. The elements are not only easily joined but are also easily disjoined. This means that they can be easily recycled. The building is not only easily composed, but also easily decomposed in a way that no vestige is left.

MONT
BLANC
THE ART OF WRITING

Zurückgenommen in ihrer architektonischen Wirkung, sind diese Elemente für die Stadt dazu gedacht, den städtischen Raum nicht zu dominieren, sondern ihn, auch aufgrund ihrer eigenen hohen Gestaltqualität, zu unterstreichen.

Architecturally restrained, these elements of the urban setting are conceived in such a way that they never dominate urban space but emphasize it by virtue of their own inherent design quality instead.

Ansicht
Front view

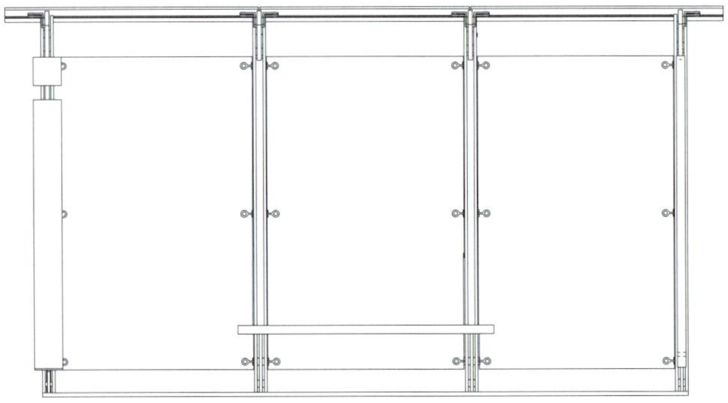

Schnitt
Section

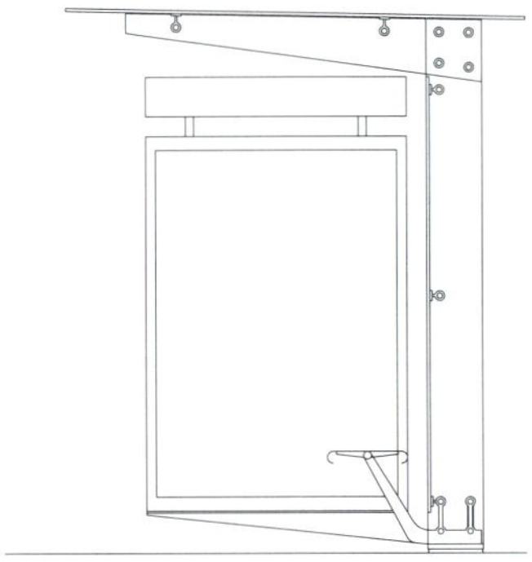

Detail
Detail

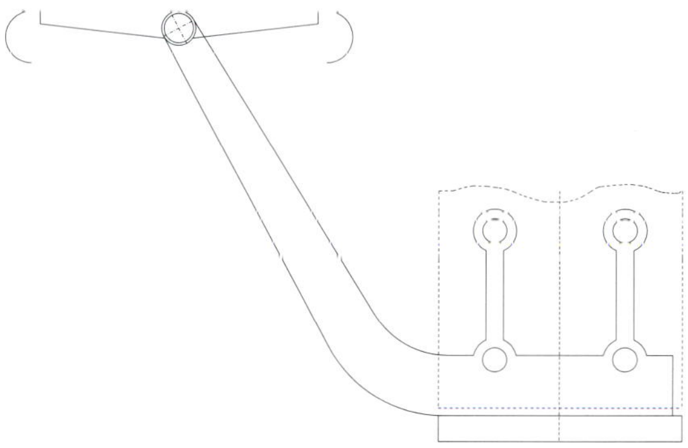

Bauherr Client
JCDecaux, Paris
Architekt Architect
Helmut Jahn und Werner Sobek
Tragwerksplanung
Structural Design
Werner Sobek Ingenieure, Stuttgart
Planung Planning
1997

Glasfassade des New International Airport, Bangkok

Glazed Façade of the New International Airport, Bangkok

Die Fassade des Flughafens in Bangkok ist 40 m hoch und 1.000 m lang. In dieser Fassade wird das Prinzip eines tragenden Gespinstes aus dünnen Stahlseilen an seine Grenzen getrieben. Das eigentliche Terminalgebäude befindet sich unter dem über ihm schwebenden Schattendach, ist weitestgehend entmaterialisiert. Von ihm aus erreicht man die Flugsteige über ein System als „concourses" bezeichneter flacher Röhren.

Die Besonderheit der Fassade liegt in ihrer Lichtwirkung, Transparenz und Konstruktion. Da es sich um eine Einfachverglasung handelt, können die Fugen sehr schmal ausgeführt werden. Die tragende Seilkonstruktion ist in allen ihren Abmessungen minimiert.

The façade of the Bangkok airport has a height of 40 m and a length of 1,000 m. In this façade the principle of a bearing web, made of thin steel ropes, has been pushed up to the extreme. The terminal building itself lies beneath the suspended awning roof and is substantially dematerialized. From this building the gates are reached via "concourses" consisting of a system of flat tubes.

The speciality of the façade is based on its light effects, transparency and construction. Since it is in single glazing the joints can be very small. The bearing rope construction is kept at a minimum in all its dimensions.

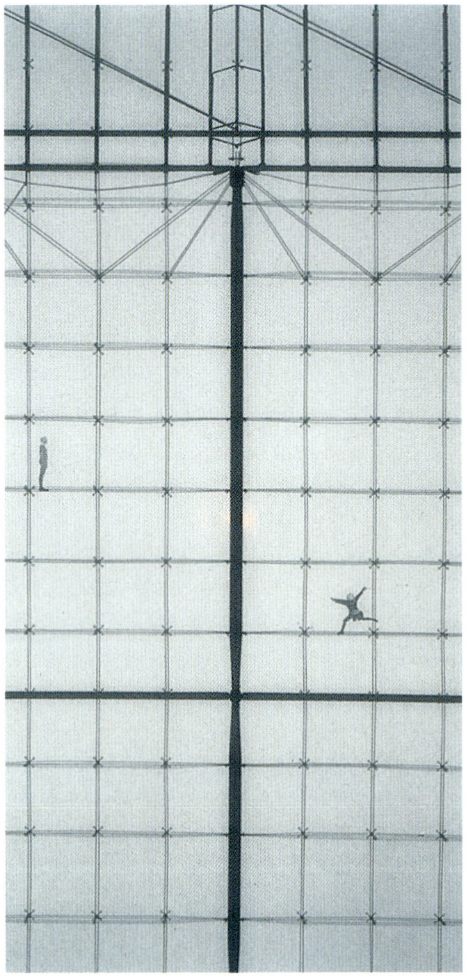

Ansicht

Front View

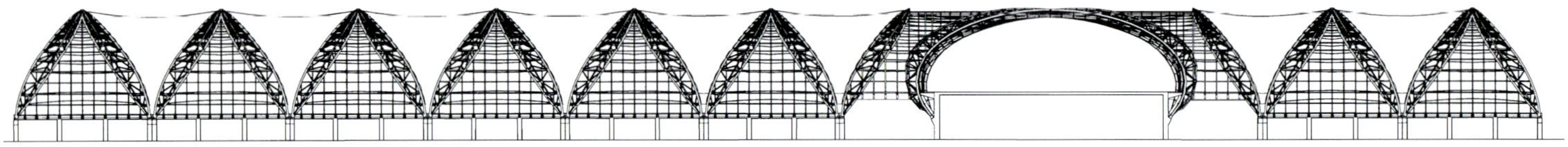

Bauherr Client
New Bangkok International Airport Co. Ltd.
Architekt Architect
Murphy/Jahn, Chicago
Tragwerksplanung Stahlbeton
Structural Engineering Reinforced Concrete
John A. Martin & Associates, Los Angeles
Stahl- und Stahl-Glaskonstruktion
Steel and glass-steel structures
Werner Sobek Ingenieure, Stuttgart
Planungsbeginn Start of Planning
1995
Geplante Fertigstellung
Planned Completion
ca. 2004 approx. 2004

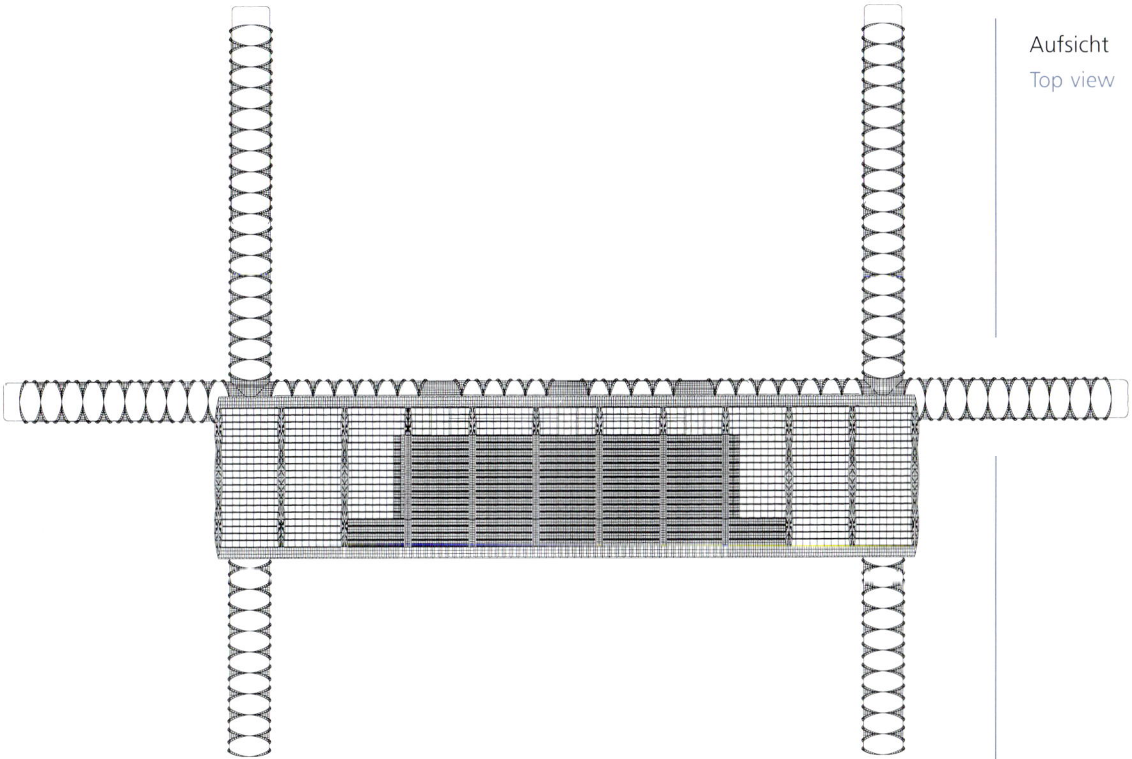

Aufsicht
Top view

Kauffmann Theilig & Partner, Stuttgart

· Terrassentherme, Bad Colberg, Deutschland
· Produktionsgebäude der Firma ADVA, Meiningen, Deutschland

· Health Spa, Bad Colberg, Germany
· Production Building ADVA, Meiningen, Germany

Andreas Theilig (oben links), geboren 1951, Architekturstudium an der Technischen Hochschule Darmstadt, 1979-1988 Projektarchitekt bei Behnisch & Partner in Stuttgart, seit 1987 Professor an der Fachhochschule Biberach, seit 1988 gemein-sames Büro mit Dieter Ben Kauffmann, dann auch mit Rainer Lenz und Manfred Ehrle.

Dieter Ben Kauffmann (oben rechts), geboren 1954, Architekturstudium an der Fachhochschule Augsburg, 1980-84 Projektarchitekt bei Behnisch & Partner in Stuttgart, dann bis 1988 bei Heinle, Wischer & Partner, Stuttgart. Seit 1988 gemeinsames Büro mit Andreas Theilig, dann auch mit Rainer Lenz und Manfred Ehrle. Seit 1999 Vorsitzender des BDA Stuttgart und Mittlerer Neckar.

Rainer Lenz (unten links), geboren 1960, Bauzeichnerlehre, Architekturstudium an der Fachhochschule Biberach, Projektarchitekt bei Behnisch & Partner, Stuttgart, dann bei Kauffmann Theilig, seit 1995 Partnerschaft mit Andreas Theilig und Dieter Ben Kauffmann. 1996-98 Lehrauftrag an der Fachhochschule Biberach.

Manfred Ehrle (unten rechts), geboren 1964, Schreinerlehre, Architekturstudium an der FH Biberach, seit 1993 Projektarchitekt bei Kauffmann Theilig & Partner, seit 1999 Partnerschaft.

Zu den wichtigsten Bauten von Kauffmann Theilig & Partner gehört das Bürohaus in Gniebel, das Produktionsgebäude der Firma Seele in Gersthofen, die Volksbank in Pforzheim, der neue Eingang der IHK in Stuttgart sowie zahlreiche temporäre Projekte für Mercedes-Benz und andere.

Zahlreiche Preise: u.a. Auszeichnung guter Bauten (1993, 1996), Hugo-Häring-Preis Baden-Württemberg (1997), BDA-Preis Nordrhein-Westfalen (1997).

Andreas Theilig (top right), born in 1951, did his architectural studies at the Darmstadt Technical University, 1979-1988 Project architect with Behnisch & Partner in Stuttgart, since 1987 Professor at the Biberach Technical College, since 1988 he has an office with Dieter Ben Kauffmann, Rainer Lenz and Manfred Ehrle.

Dieter Ben Kauffmann (top left), born in 1954, studied Architecture at the College Augsburg, 1980-84 Project architect with Behnisch & Partner in Stuttgart, then until 1988 with Heinle, Wischer & Partner, Stuttgart. Since 1988 he has an office in partnership with Andreas Theilig, Rainer Lenz and Manfred Ehrle. Since 1999 Chairman of the BDA Stuttgart and Mittlerer Neckar.

Rainer Lenz (below left), born in 1960, studied Building Planning, architectural studies at the College Biberach, Project architect with Behnisch & Partner, Stuttgart, then with Kauffmann Theilig, since 1995 partnership with Andreas Theilig and Dieter Ben Kauffmann. 1996-98 teacher at the College Biberach.

Manfred Ehrle (below right), born in 1964, learnt carpentry, studied Architecture at the College Biberach, since 1993 Project architect with Kauffmann Theilig & Partner, since 1999 partnership.

Kauffmann Theilig & Partner's most important projects include the office building in Gniebel, the production hall for the company Seele in Gersthofen, the Volksbank in Pforzheim, the new entrance of the IHK in Stuttgart, as well as numerous temporary projects for Mercedes-Benz and others.

Numerous prizes and acclamations including good buildings (1993, 1996), Hugo-Häring-Prize Baden-Württemberg (1997), BDA-Prize Nordrhein-Westfalen (1997).

Terrassentherme, Bad Colberg, Deutschland

Health Spa, Bad Colberg, Germany

Die Terrassentherme stehen für einen ganzheitlichen Ansatz: die gläserne Hülle schafft atmosphärisch Außenraumbedingungen, klimatisch aber Innenraumbedingungen. Baden wie unter freiem Himmel in Mitteleuropa, auch im Winter – das war ein wichtiger Entwurfsansatz.

The terraced thermal bath proposes a holistic concept: The glass envelope creates the atmospheric conditions of outside, but the climatic conditions of an inside space. To be able to take a bath like in the open air during winter in middle Europe was an important design goal.

Die doppelschalige Dachkonstruktion mit der thermischen Hülle auf der Außenseite und gläsernen beweglichen Lamellen auf der Innenseite übernimmt atmosphärische und klimatische Aufgabenstellungen.
Der Zwischenraum dient der flächigen Frischluftzufuhr, die bewegliche untere Schale ist ein flexibler, temporärer, innenliegender Sonnenschutz; die gelbgrüne Bedruckung assoziiert das Blätterdach eines Birkenwaldes. Ein Teil der Lamellen ist stoffbespannt und übernimmt die akustische Dämpfung.

The double shell roof construction with the thermic cover on the outside and moveable glass laminae on the inside takes on an atmospheric task as well as a climatic one. The interstice serves the provision of fresh air, the movable lower shell is a flexible sun protection located on the inside. The yellow-green printing gives the association of birch-groves leave covering. Part of laminae are covered by textile and takes over acoustic damping.

Längsschnitt
Longitudinal section

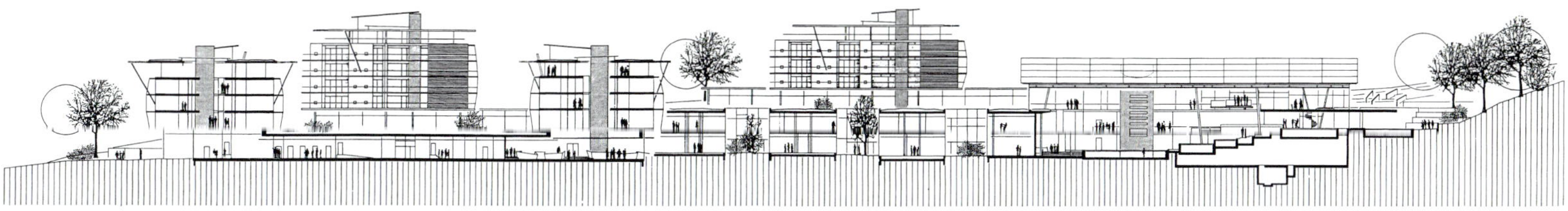

Schichtmodell: Dach
Layer model: Roof

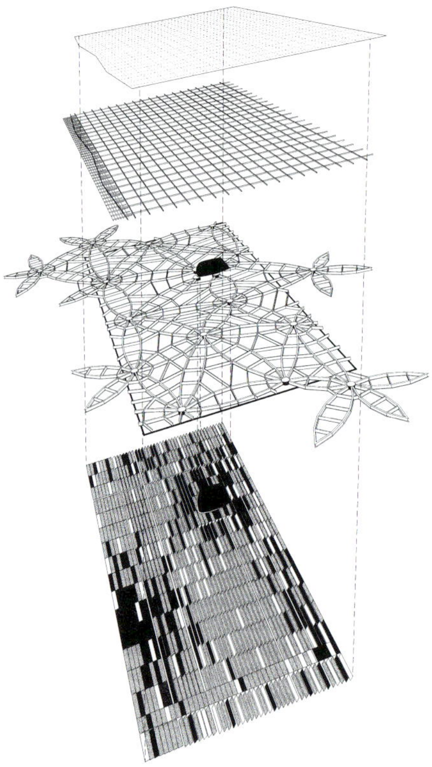

Grundriß: Bettenhaus
Plan: Ward building

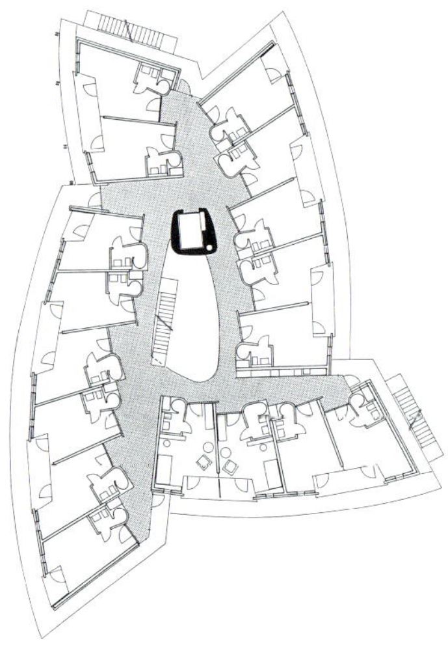

Bauherr Client
Bad Colberg Kliniken GmbH
Architekt Architect
Kauffmann Theilig & Partner, Stuttgart
Tragwerksplanung
Load-bearing Structure Design
Weischede & Partner, Stuttgart
Solartechnik Solar technique
Transsolar Ingenieurgesellschaft mbH,
Horstmann & Berger, Altensteig
Bruttogeschossfläche Gross area
22.883 m²
Grundstücksfläche Base
52.204 m²
Bauzeit Building time
Februar 1995 – April 1997
Februrary 1995 – April 1997

Produktionsgebäude der Firma ADVA, Meiningen

ADVA Office and Production Building in Meiningen

Die Firma ADVA ist Hersteller von faseroptischen Komponenten. Das Fabrikgebäude in Meiningen soll sowohl Produktion als auch Entwicklung sowie Verwaltung aufnehmen.

Bereiche der Produktion/Entwicklung, der Arbeitsvorbereitung und der Verwaltung arbeiten eng zusammen. Wir haben daraus die Forderungen nach kurzen Wegen, überschaubaren Arbeitsbereichen und prinzipiell gleichwertigen guten Arbeitsplatzbedingungen für alle Mitarbeiter abgeleitet.

The ADVA company produces fiberoptical components. The project of the factory building in Meiningen was to provide room for production, development and administration.

The fields of production and development, preparation of production, calculation and administration work closely together. From this we derived the requirements of short paths, clearly arranged working areas and working place condi-tions of high quality for all employees.

Wettbewerbsentwurf vom September 1998 Design for a Competition, September 1998

Schnitt
Section

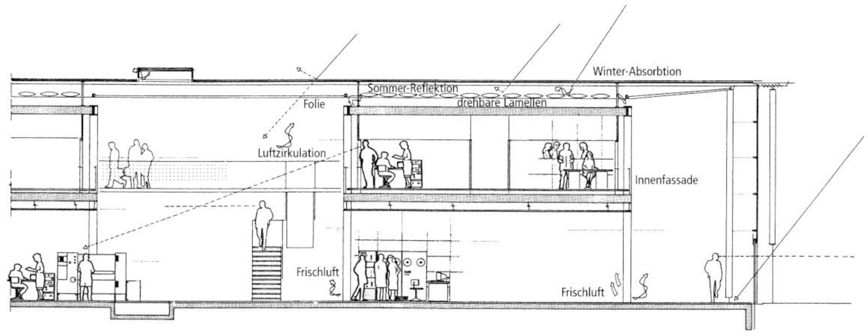

Das Wettbewerbskonzept setzt die oben genannten Rahmenbedingungen in eine flächige, zweigeschossige Struktur um. Zunächst parallel aufgestellte, zweigeschossige Gebäuderiegel bilden das Grundgerüst des flächigen Baukörpers. 10 m breite (zweibündige) Riegel sowie 10 m breite Fugen bilden ein wirtschaftliches Grundraster, über dem ein flächiges, halbtransparentes Dach angeordnet ist. Die talseitigen Stirnseiten sowie die Giebelseiten sind vollständig verglast und bieten so für alle Mitarbeiter einen angenehmen Blick ins Freie mit guter Aussicht.

Das zweischalige Lichtdach schafft zum einen gute Tageslichtbedingungen. Die Abstände der Riegel sind so dimensioniert, daß auch für das geschoßüberdeckte Erdgeschoß ausreichende Tageslichtbedingungen bestehen. Die Zweischaligkeit des Daches übernimmt zum anderen bauphysikalische, haustechnische und atmosphärische Aufgabenstellungen:

· der Klimaabschluß wird durch die obere Schale gebildet (Isolierglas, z. T. bedruckt aus Gründen des Sonnenschutzes).
· Die untere Schale besteht aus einer gelochten Teflonfolie, der Luftzwischenraum bildet zum einen einen klimatischen Puffer (innenliegender Sonnenschutz), zum anderen leistet die Beschichtung eine Reflexion der Fußbodenkühlung
· Die Mikrolochungen der Teflonfolie leisten gleichzeitig eine akustische Dämpfung des Raums, die Folie ist farbig bedruckt und schafft so eine sonnige Raumatmosphäre.
· Das Tragwerk (Stahl/Holz) befindet sich zwischen äußerer und innerer Schale und kann anspruchslos aus gebildet werden.
· Die Doppelschaligkeit über den Gebäuderiegeln dient der Frischluftversorgung, an der Gebäude außenseite wird Frischluft angesaugt, auf den Dächern der Gebäuderiegel befinden sich wendbare Solarpaneele, die in Abhängigkeit der Witterung/Sonnenschein als Reflexions- oder Absorbtionsflächen eingestellt werden können. Eine Vorwärmung der Zuluft/Frischluft in den kühlen Jahreszeiten bei sonnigem Wetter ist so möglich.
· Die Wärmedämmwerte des Glases sind so eingestellt, daß die Schneehöhe auf einen rechnerischen Maximalwert begrenzt werden kann (Lichtdurchlässigkeit, Statik).

Insgesamt entsteht so ein dichtes, hochflexibles Gefüge mit gleichmäßigen Tageslichtbedingungen für alle Arbeitsplätze. Dies entspricht zum einen den spezifischen Produktionsbedingungen und Funktionsanforderungen der Firma ADVA, zum anderen einer hohen Arbeitsplatzqualität für den einzelnen Mitarbeiter.

Klimakonzept
Climatic concept

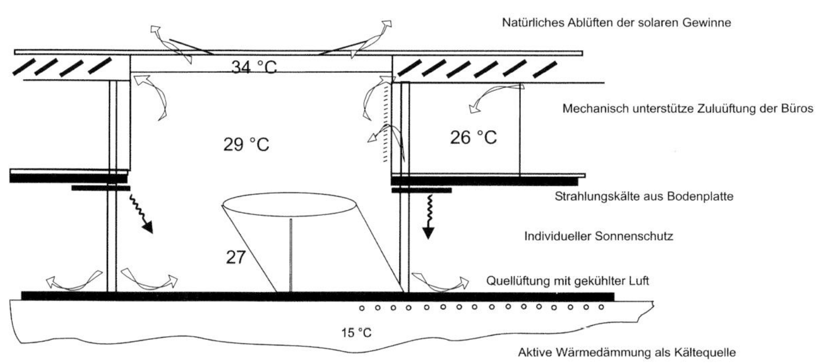

The concept for the competition translates the forementioned conditions into a plain two storey building. A group of two storey blocks placed in parallel form the basic structure of the flat building. Dual girders of 10 m width and junctures of 10 m width form an economical pattern covered by a flat semitransparent roof. The front towards a valley and frontispieces are completely glazed thus offering a pleasant view with beautiful panorama to all employees.

The double shell light roof on one site creates good daylight conditions. The distances between the blocks are dimensioned in such a way that even for the ground floor there is sufficient daylight. The double shell of the roof on the other side takes over constructive physical tasks, accommodates installations and provides a special atmosphere:

- The climatic covering is given by the upper shell (insulation glass printed for sun protection).
- The lower shell consists of a perforated teflon foil. The air interstice forms a climatic buffer (sun protection on the inside) and its layer provides a reflection of the floor cooling.
- The micro-perforation of the teflon foil affords an acoustic damping and since it is printed in color a sunny room atmosphere.
- The supporting surface (steel and wood) is placed between the external and internal shell and can thus be given a modest form.
- The double shell above the building blocks serve the provision of fresh air. On the outside fresh air is sucked in. On the roofs of the blocks turning solar panels are mounted which, depending on the weather, can be switched from reflection to absorption. Warming up of the incoming air is also possible during sunshine periods in the cool seasons.
- The insulation values of the glass are adjusted in such a way, that the snow level can be limited to a maximum (light transparency, static's).

The result is a dense, highly flexible structure with equal daylight conditions for all working places. This corresponds to the specific conditions of production of the ADVA company and a high quality of the working place results for each employee.

Grundriß
Plan

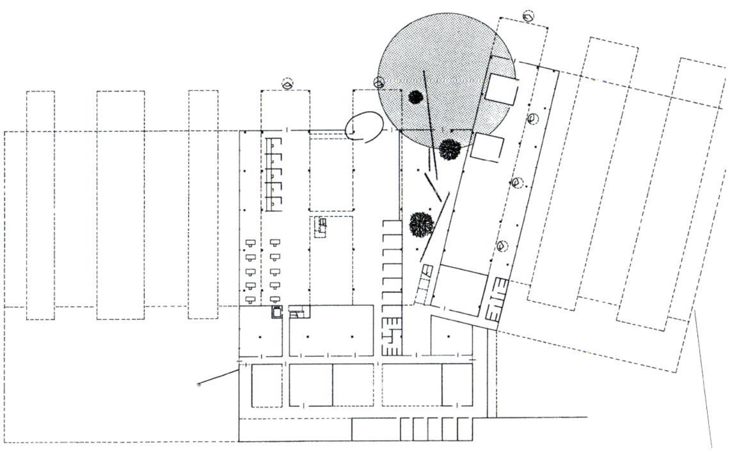

Bauherr Client
ADVA GmbH, München
Architekt Architect
Kauffmann Theilig & Partner, Stuttgart
Tragwerksplanung
Load-bearing Structure Design
Ingenieurbüro Pfefferkorn und Partner, Stuttgart
Klimakonzept Wettbewerb
Climatic concept Competition
Transsolar Energietechnik GmbH, Stuttgart
Bruttogeschossfläche Gross area
5.200 m²
Grundstücksfläche Base
41.000 m²
Wettbewerb Competition
September 1998
Geplante Fertigstellung
Planned Completion
Frühjahr 2001 Spring 2001

Stefan Behling, Universität Stuttgart

· Tensegrity Skulptur und Zwei Ganzglaskuppeln

· Tensegrity Sculpture and Two All Glass Cupolas

Stefan Behling, geboren 1962, Studium der Architektur in Aachen, seit 1987 tätig im Büro Foster & Partner in London, dort seit 1996 Direktor und Mitglied der Geschäftsführung, seit 1995 Professor an der Universität Stuttgart, Lehrstuhl 2 Institut für Baukonstruktion und Entwerfen.

Behling hat sich spezialisiert auf die Erforschung und Entwicklung der Nutzung von Solarenergie in Architektur und Stadtplanung. Zu seinen wichtigsten Ausstellungen und Publikationen gehören: „Glastechnologie live" auf der glasstec in Düsseldorf, im Deutschen Architekturmuseum Frankfurt und im Design Center Stuttgart, „SOL POWER" (zusammen mit Sophia Behling, erschienen bei Prestel, 1996).

Für den Reichstag in Berlin entwickelte er das Energiekonzept.

Stefan Behling, born 1962, studied Architecture in Aachen, since 1987 he has been working for Foster & Partner in London, there since 1996 Director and member of the board, since 1995 Professor at the University of Stuttgart, Chair 2 at the Institute for Building Technology and Design.

Behling is specialized in research and development for the use of solar energy in architecture and urban planning. His most important exhibitions and publications include: "glasstechnologie live" at the glasstec in Düsseldorf, at the "Deutsches Architekturmuseum" in Frankfurt and in the Design Center Stuttgart, "SOL POWER" (together with Sophia Behling, published by Prestel, 1996).

For the Reichstag in Berlin Behling was responsible for the integration of the energy concept.

Seit 1996 präsentieren wir im zweijährigen Turnus experimentelle Glaskonstruktionen auf der glasstec in Düsseldorf. Die dort gezeigten Konstruktionen sind immer Ergebnisse intensivster Teamarbeit, sowohl der Lehrstuhlmitglieder, als auch der beteiligten Glas- und Fassadenfirmen.

Von unserem Institut sind speziell Dipl.-Ing. Joachim Achenbach, der akademische Rat Peter Seger und Prof. Friedrich Wagner zu nennen. Realisierbar sind Projekte aber vor allem durch die fakultätsübergreifende Zusammenarbeit mit dem Institut für Konstruktion und Entwurf II von Prof. Jörg Schlaich, dem Institut für Leichte Flächentragwerke von Prof. Werner Sobek und dem Institut für Tragkonstruktionen und Konstruktives Entwerfen von Prof. Tokarz und Prof. Günther Eisenbiegler.

Since 1996 we have been in the position to build experimental glass constructions for the "glasstec" exhibition in Duesseldorf every two years. The constructions exhibited there are always the result of very intensive team work between the staff members of our Institute and the participating glass and façade manufacturers.

From our Institute I would like to mention Dipl. Engineer Joachim Achenbach, Academic Councillor Peter Seger and Prof. Friedrich Wagner.

But the projects' realization depends in the first place on faculty overlapping collaboration with the Institute for Structural Design II of Prof. Jörg Schlaich, the Institute for Lightweight Structures of Prof. Werner Sobek and the Institute for Load-bearing Construction and Construction Design of Prof. Takarz and Prof. Günther Eisenbiegler.

Tensegrity Skulptur

Tensegrity Sculpture

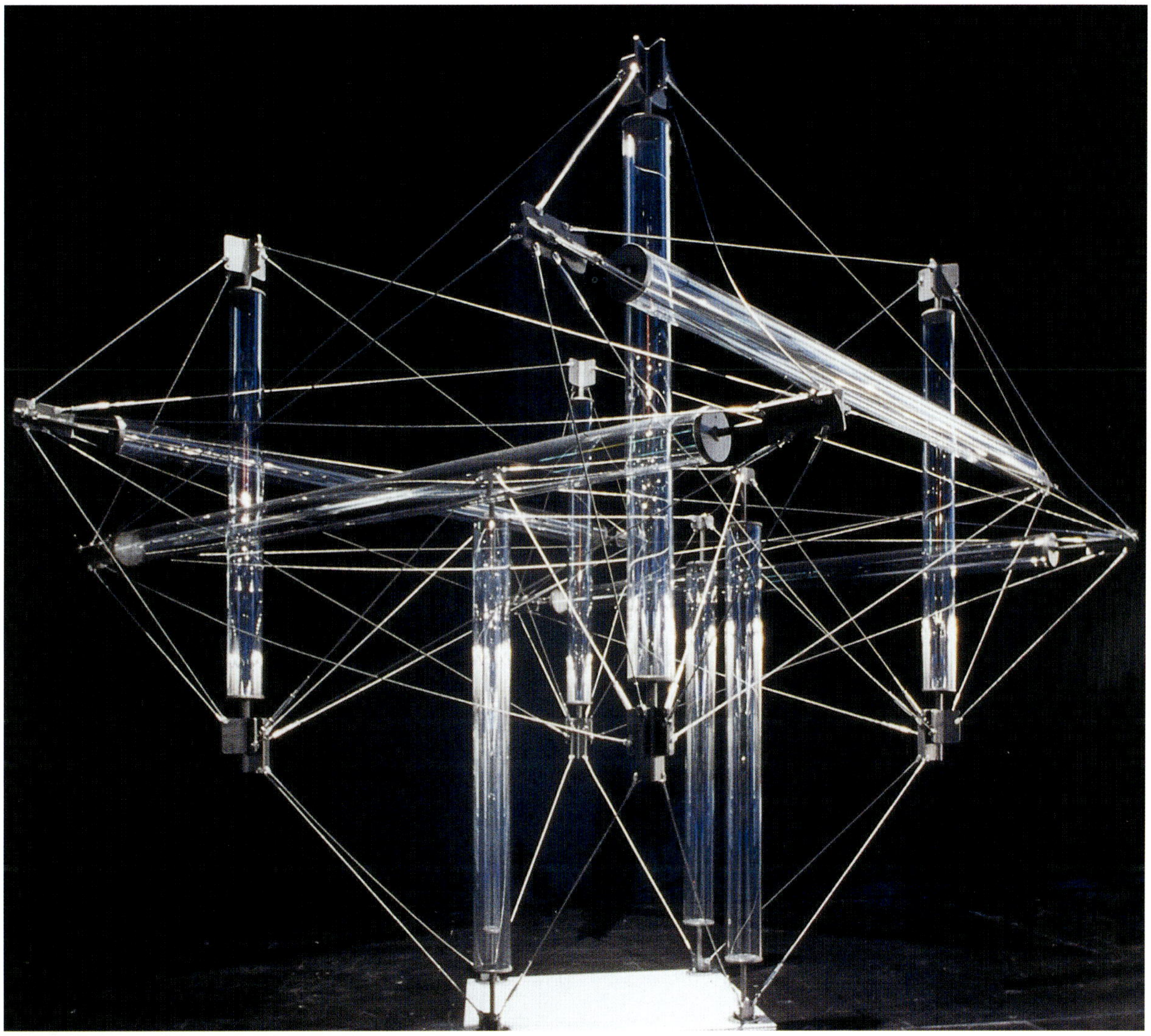

Eines der wichtigsten Projekte ist für mich die Tensegrity Skulptur von Stefan Gose und Patrick Teuffel, eine Konzeption aus 3–4 m langen Glasröhren der Firma Schott-Rohrglas und Stahlseilen der Firma Pfeifer.

Unter dem Namen Tensegrity sind „offene Strukturen", wie z. B. entsprechend ausgeformte Seilbinder, als äußerst leistungsfähige, massearme und je nach Vorspannung auch steife Tragwerke für weitgespannte Dachkonstruktionen am ehesten bekannt.

For me, one of the most important projects is the Tensegrity Sculpture of Stefan Gose and Patrick Teuffel, a concept realized with glass tubes made by Schott Rohrglas of 3–4 m length and wire rope produced by Pfeifer.

"Open structures", for example, specially shaped rope binders, known to be extremely effective, not massive and, depending on prestressing, also very rigid bearing structures for widely spanned roof constructions are said to be constructed according to the Tensegrity mode.

Die Verwendung von Glas als primäres, tragendes Element war das wesentliche Ziel, nach dem sich der Entwurfsprozeß richtete. Aufgrund der Materialeigenschaften von Glas (sehr hohe Druck-, aber geringe Zugfestigkeit) mußte ein Konstruktionsprinzip gefunden werden, in dem Zug- und Druckelemente klar getrennt sind. Das Tensegrityprinzip wurde auch deswegen verwendet, weil dadurch interessante räumliche Eindrücke vermittelt werden.

The use of glass as the primary carrying element was the essential aim of the design process. Due to the material properties of glass (very highgly compressive but low tensile strength), a construction principle had to be found in which tensile and compressive elements were clearly separated. The Tensegrity principle was applied because it conveys interesting spatial impressions.

Architekt Architect
Stefan Gose
Institut für Baukonstruktion, Lehrstuhl 2, Universität Stuttgart Institute for Building Technology, Chair 2, University Stuttgart
Stefan Behling
Tragwerksplanung
Load bearing structure design
Patrick Teuffel
Institut für Konstruktion und Entwurf II, Universität Stuttgart Institute for Structural Design II, University Stuttgart
Jörg Schlaich
Gesamtmaße Total Measurements
5 m x 5 m x 5 m

Zwei Ganzglaskuppeln

Two All Glass Cupolas

Ein Kuppelsegment aus viereckigen, sphärisch gekrümmten Scheiben der Firma Tambest Oy ist mit der Planung und Realisierung durch Klaus Fischer sowie Lehmann und Keller Ingenieure entstanden.

Kuppeln aus Glasbausteinen zu mauern wäre als Iglu-Konstruktion nichts Neues. Aber planebene Glasscheiben im Kuppelbau zu verwenden erfordert einen neuen Ansatz. Dieses Projekt führt, wie auch die Tensegrity Skulptur, Glas als tragendes Element vor.

The project was a cupola segment built of square spherically curved panes produced by Tambest Oy, planned and realized by Klaus Fischer and Lehmann and Keller.

To build cupolas with glass bricks like igloos would not be anything new. But using planar glass panes requires an innovative approach. This project, like the Tensegrity sculpture, demonstrates glass as a carrying element.

Bauherr Client
glasstec 98
Architekt Architect
Joachim Achenbach
Institut für Baukonstruktion, Lehrstuhl 2, Universität Stuttgart Institute for Building Technology, Chair 2, University Stuttgart
Stefan Behling
Tragwerksplanung
Load-bearing Structure Design
Lehmann und Keller Ingenieure
Glaskonstruktion Glass Construction
Klaus Fischer GmbH
Gesamtmaße Total Measurements
18 m Spannweite x 9 m x 6 m Höhe

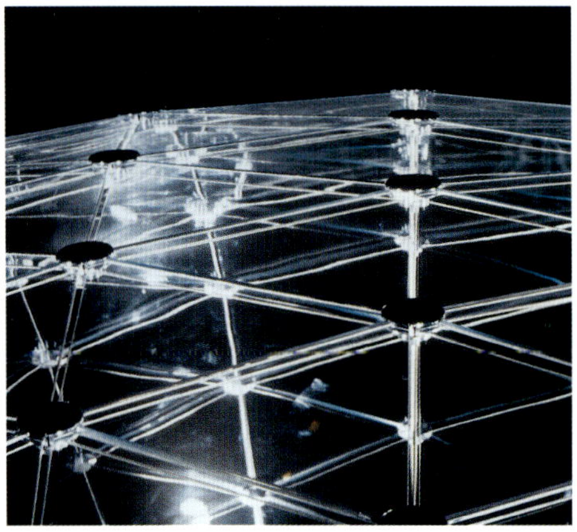

Die Ganzglaskuppel mit einer Spannweite von 12,5 m aus triangulierten planebenen Glasscheiben, wurde zusammen mit den Tragwerksplanern Ludwig und Weiler, Seele GmbH & Co. KG und dem Glas von der Firma VEGLA realisiert. Die Besonderheit dieser aus 68 x 6 gleichen dreiecksförmigen VSG-Scheiben aufgebaute Konstruktion liegt darin, daß die Gläser die Hüll- und Tragfunktionen tatsächlich integriert erfüllen. Das bedeutet, daß die in der Kuppel vorherrschenden Druckkräfte ausschließlich über das Glas abgetragen werden. Ein parallel zu den Glasfugen verlaufendes „Netz" aus filigranen Edelstahlseilen sorgt für die stabilisierende Vorspannung der Gesamtkonstruktion.

Konstruktionszeichnung
Drawing of construction

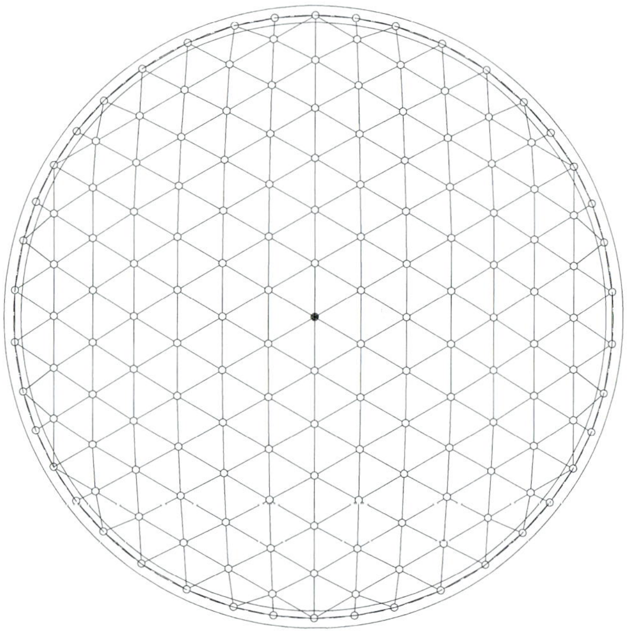

Detail
Detail

The all glass cupola with a 12.5 m span made of triangular planar glass pieces was realized with the bearing structure planners Ludwig and Weiler, Seele GmbH & Co. KG and with glass made by VEGLA.

The speciality of the construction made of 68 x 6 equal triangular safety glass panes consists in the fact that the glasses fulfill indeed both the covering and carrying function in an integrated fashion. This means that the predominating compressive forces in the cupola are carried off exclusively by glass. A net of filigree refined steel ropes running parallel to the glass joints takes care of stabilizing the tensioning of the entire construction.

Detail
Detail

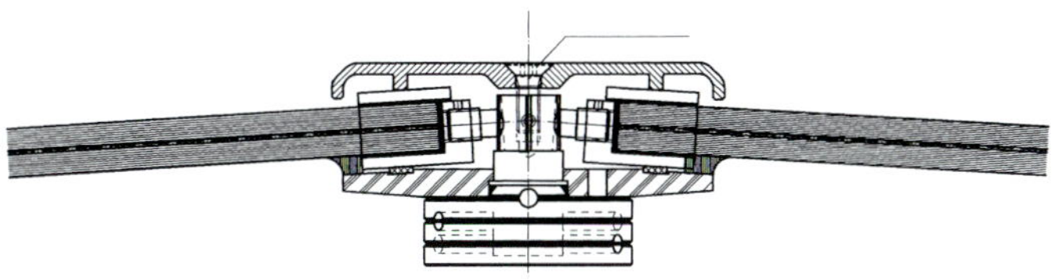

Bauherr Client
glasstec 98
Architekt Architect
Joachim Achenbach
Institut für Baukonstruktion, Lehrstuhl 2, Universität Stuttgart Institute for Building Technologie, Chair 2, University Stuttgart
Stefan Behling
Tragwerksplanung
Load-bearing Structure Design
Ludwig und Weiler
Glaskonstruktion Glass construction
Seele GmbH & Co. KG
Glashersteller Glass manufacturer
VEGLA
Durchmesser Width
12,5 m

Glasarchitektur und Ökologie

Glass Architecture and Ecology

In unserer Umfrage wurde die Frage nach der ökologischen Bedeutung von Glasarchitektur von allen Korrespondenten beantwortet. Dabei kam ein sehr breites Spektrum von Aspekten zum Vorschein.

Die grundlegendsten Antworten befaßten sich mit der Frage nach dem Warum und dem Wie des Entwerfens mit Glas. Sie bezogen sich auf Aspekte der Nachhaltigkeit in der gebauten Umwelt (David Kirkland, Nicholas Grimshaw & Partners): „Am Anfang des neuen Jahrhunderts wird uns die Notwendigkeit von Nachhaltigkeit in Gesellschaft und in gebauter Umwelt bewußt. Letztere verbraucht 50% der materiellen Ressourcen, produziert 50% des Mülls einer Nation und verbraucht 40% unserer gesamten Energieproduktion. Diese Zahlen zeigen deutlich die Ungeeignetheit unserer gegenwärtigen Tätigkeiten und die Notwendigkeit eines dramatischen Einstellungswechsels, wenn unsere Erde im Jahr 2050 die vorausberechnete Zahl von Acht Billionen Menschen unterhalten soll.

Als Architekten sind wir in der idealen Lage, diese Veränderungen anzuspornen – vielleicht sogar mit der einzigartigen Möglichkeit, die kulturellen und technischen Aspekte der Gesellschaft gleichzeitig abzudecken. Die Nutzung fortgeschrittener Techniken und Technologien versetzt uns jetzt wieder in eine Lage, in der eine wirklich mit der Natur in Einklang gebrachte Architektur erblühen und ein dynamisches Gleichgewicht zwischen Natur und einer großen Weltbevölkerung aufrecht erhalten werden kann."

In den Planungstechniken scheint sich eine Wende zur Prozeßorientierung parallel zur Arbeit mit dem Computer abzuzeichnen (Kirkland/Grimshaw): „Die ständig wachsende Kraft der Computer verdoppelt sich jedes Jahr. Flüssigkeitsdynamische Computerprogramme erlauben uns unglaubliche Berechnungen, die Unsichtbares sichtbar machen... . Solche Berechnungen beruhen nicht nur auf fortgeschrittener harter Technologie, sondern auch auf dem Verständnis von ‚Prozeß' in Form von Algorithmen und Software, welche die ‚sanfte' Seite der Natur, wie genetische Algorithmen und DNA-Kodierung ausdehnen. Vielleicht wird die Kombination von Computerstärke und traditionellen Materialien wie tragenden Steinen neue Horizonte öffnen."

Über offensichtliche ökologische Vorteile von Glasarchitektur hinaus gehört sorgfältige Planung zu einem intrinsisch ökologischen Verständnis von Glasarchitektur (Sobek): „Für mich ist Glas als Baustoff im Rahmen meiner Konstruktionsphilosophie wertvoll... Wenn eine Konstruktion sorgfältig und liebevoll geplant ist, wird sie auch von den Nutzern akzeptiert. Das heißt, daß Akzeptanz und Wertigkeit durch aufwendige Planung entstehen. Es geht um Sorgfalt in der Konzeption, aber auch in der Pflege des Gebäudes."

Direkt mit Ökologie verbunden sind die materiellen Eigenschaften von Glas: Es ist chemisch unschädlich (Theilig). Ein gewisses Recycling (bzw. Downcycling) ist möglich (Reinberg, Kikutake), obgleich beschichtetes Glas problematisch ist, weil verschiedene Stoffe getrennt werden müssen (Theilig). „Als sehr ‚harter' Baustoff stört er aber wahrscheinlich auch die im natürlichen Umfeld vorhandenen, nicht quantifizierbaren Strahlungen, was baubiologisch auch bedenklich sein könnte, in meinen üblichen Konzepten der unterschiedlichen Zonen des Gebäudes aber kein grundsätzlicher Nachteil sein sollte. Aber Glas ist prinzipiell ein sehr ambivalenter Baustoff (er trennt und verbindet zugleich, usw.) und warum soll er dies nicht auch betreffend Bauökologie sein" (Reinberg).

Der relativ hohe Energieaufwand bei der Herstellung von Glas kann, wie wir sehen werden, durch Energiegewinnung kompensiert werden. Im Vergleich zu Stein und Beton ist Glas ein elegantes Material „...weil es Gebäude mit einer dünnen Hülle versieht" (Ritchie). „Es erlaubt sortenreine Fügbarkeit und Entfügbarkeit. Es läßt sich kombinieren, besitzt Transluzenz, ist gut bearbeitbar und resistent" (Sobek).

In our survey the question regarding the ecological importance of glass architecture was answered by all correspondents. This question linking glass architecture with ecology yielded a rich gamut of aspects.

The most fundamental answers were concerned with the question of why and how to plan with glass. They addressed the aspect of sustainability in the built environment (David Kirkland, Nicholas Grimshaw & Partners): "At the turn of the century we become increasingly aware of the need for sustainability in society and, in particular, in the built environment which uses 50% of our natural material resources, produces over 50% of our national waste and consumes 40% of our total energy production. These figures clearly demonstrate the inappropriateness of our current activities and the need for a dramatic change in attitude if the globe is to sustain a projected figure of eight billion people in 2050. As architects, we are in an ideal position to instigate these changes with perhaps a unique ability to straddle the cultural and technological aspects of society.

The use of advanced techniques and technologies now once again puts us in the position where truly naturally-aligned architecture can flourish and sustain a dynamic equilibrium between the natural environment and a large global population."

In the planning techniques a shift towards process orientation seems to have developed parallel to computation (Kirkland/Grimshaw): "The ever-increasing power of computers is set to double each year. Computational fluid dynamics now allow incredible calculations to be possible making the visualization of the invisible visible ... These calculations not only rely on advanced hard technology but also on the understanding of 'processes', for example, algorithms and software, again extending nature's 'soft' side such as genetic algorithms and DNA-coding. Perhaps the combination of computational power and traditional materials like load-bearing stone will open up new horizons."

Aside from the obvious ecological gains in glass architecture careful planning is seen as an intrinsically ecological approach (Sobek): "I am against giving superficial reasons in support of glass architecture. For me glass is important in my building philosophy... . If a construction is planned carefully with dedication it is accepted by its users. This means that acceptance and value are the result of care during the conceptual phase and also in the maintenance of a building."

Directly connected to ecology are the material properties of glass: It is chemically harmless (Theilig). It may be recycled or "downcycled" (Reinberg, Kikutake), although coated glass presents problems in recycling because many materials have to be separated in the process (Theilig). "As a very 'hard' building material it probably also disturbs the radiation in the natural environment which is not quantifiable. This could be risky according to building biology. But in my conventional concepts of different zones in a building this should theoretically not be a disadvantage. Glass is actually a very ambivalent building material (it separates and connects) so why shouldn't this ambivalence be the case with building ecology as well" (Reinberg).

The relatively high amount of energy needed to produce glass can be counterbalanced, as will be seen, by the energy gain. Glass is an elegant material compared to stone and concrete "that thinly wraps buildings" (Ritchie). "Glass permits a clean composition and decomposition of material elements. It can be easily combined and worked with and, at the same time, it is translucent and resistant" (Sobek).

Eine der verblüffenden Eigenschaften von Glas ist seine Fähigkeit, zwischen Innen und Außen zu vermitteln, sowohl trennend als auch verbindend (Hanzawa, Schempp, Yeang). Es erfüllt die Funktion einer Filterschicht zwischen den beiden Seiten (Yeang). Auch Kikutake hebt dies besonders hervor: „Um die Außenluft einzulassen, benutze ich Fenster, die sich öffnen und schließen. Um Hitze und Schall aufzuhalten, nehme ich Doppelgläser. Wärmeabsorbierende und reflektive Gläser wende ich auch an, in Kombination mit Blenden und Lüftungsschlitzen – alles, um einen Raum mit größerer Freiheit und Offenheit zu schaffen."

Die traditionelle Funktion von Glas war es immer, Licht ins Gebäude zu bringen. „Daher hat der Baustoff Glas einen sehr spezifischen Stellenwert für meine ökologischen Architekturkonzepte, die eben stark auf Licht setzen … (so) glaube ich, daß die hohe Helligkeit des Wintergartens eine Kompaktheit des restlichen Gebäudes erlaubt, die sonst nicht verantwortbar wäre. Der Bewohner, der jederzeit witterungsgeschützt mit einem Optimum an Licht im Wintergarten versorgt ist, fühlt sich im stark geschlossenen, isolierten Bau wohler als der Bewohner ohne diese Möglichkeit des jederzeitigen Tageslichtoptimums – insbesondere in den sonnenlichtarmen Wintermonaten" (Reinberg). Und Thom berichtet: „Bisher war unser Hauptinteresse auf Tageslichtnutzung ausgerichtet, um Glaswände zu verwenden, die den Verbrauch von Kunstlicht verringern."

Aber zur wichtigsten modernen Funktion der Glasarchitektur wurde ihre Fähigkeit, solare Energie zu „ernten". Fast alle unserer Korrespondenten gingen auf diesen Vorteil ein:

„Glas fängt Sonnenenergie ein" (Ritchie). „Glas nimmt einen hohen ökologischen Stellenwert in unseren ausgeführten Projekten ein. Schon im Entwurf arbeiten die Architekten an energiesparenden Lösungen, wobei Glas einen wichtigen Beitrag für aktive und passive Solarenergie-Gewinnung leistet" (Seele). „Effiziente Mittel zur aktiven und passiven Sammlung von natürlichen Energiequellen, seien sie solar oder natürliche Ventilation, stehen zur Verfügung. Beide können durch fortgeschrittene Technologien zu größerer Wirksamkeit angetrieben werden. Monokristalline Silikonzellen haben jetzt über 25% Wirksamkeit in der Umwandlung von Sonnenlicht in elektrische Energie" (Kirkland/Grimshaw). Ein Korrespondent (Ingenhoven) erwähnt weitere Vorteile: „Neben offensichtlichen und erfahrbaren Qualitäten bietet der Baustoff Glas die Möglichkeit, den Energiehaushalt von Gebäuden zu optimieren oder gar überschüssige Energieerträge zu erwirtschaften."

One of the most intriguing properties of glass is its ability to mediate, both separating and connecting the inside with the outside (Hanzawa, Schempp, Yeang). It fulfils the function of providing a filtering layer between the two sides (Yeang). Kikutake finds this aspect very important: "To let in outside air I use windows that can open and close; in order to block heat and sound, I use paired glass. Heat absorption glass and reflective glass are also used, combined with blinds and louvers to create space with further freedom and openness."

The traditional function of glass has been to let light into a building. "Glass as a building material is of particular significance to my ecological concepts of architecture relying strongly on light. I believe that the high luminous intensity of the wintergarden allows the rest of the building a compactness which would otherwise be irresponsible. The residents, always protected from the atmospheric conditions and, at the same time, supplied with optimum light in a wintergarden, feel better in a strongly closed and insulated building than their counterparts who do not have optimum daylight at anytime. This is particularly true for the winter months where there is little sunlight." (Reinberg). And Thom remarks: "To date, our real interest has been in optimizing daylight and using glass walls to minimize the need for artificial lighting."

But the more important modern function of glass in architecture has become its capacity of passively and actively "harvesting" solar energy. Almost all our correspondents mentioned this advantage:

"Glass traps solar energy" (Ritchie). "Glass is of high ecological importance for the projects we have realized. Even during the design phase architects work on energy-saving solutions where glass makes an important contribution to the active and passive gain of solar energy" (Seele). "Efficient means of collecting natural energy sources, be it solar or natural ventilation, can be passive or active. Both can be driven by advanced technologies for increased efficiency. Mono-crystalline silicone cells now have over 25% efficiency in converging sunlight to electricity" (Kirkland/Grimshaw). One correspondent (Ingenhoven) mentions further advantages: "Using glass as a building material offers the possibility of optimizing the energy balance of buildings or even gaining surplus amounts of energy."

Die Tatsache des Solarenergiegewinns durch Glasarchitektur wirft die Frage nach der Amortisation des Energieverlustes bei der Glasproduktion auf (Reinberg): „Ich sehe prinzipiell Glas als ökologisch vorteilhaften Baustoff. Obgleich viel Energie in den Herstellungsprozeß fließt, kann diese Energie schnell in der Architektur zurückgewonnen werden. Südseitig konnten wir bei Isolierverglasungen beispielsweise für Wintergärten eine energetische Rückzahldauer von weniger als einem Jahr nachweisen." Reinberg bezieht sich hier auf eine Arbeit der Arge Passiv Solar „Bewohnereinfluß auf passive Solarsysteme", die 1987 durch das österreichische Bundesministerium für Bauten und Technik veröffentlicht wurde (F 863).

Ein geeignetes Energiekonzept muß Energieverluste gegen Energiegewinne gewichten. Während sogenannte Passiv-Häuser entworfen werden, um Energie- und Hitzeverlust zu vermeiden, dienen Glashäuser der Energiegewinnung. Reinberg meint dazu: „Der ganz besondere ökologische Stellenwert des Glases in meiner Architektur bezieht sich aber auf die von mir bevorzugte Strategie der Niedrig(fremd)-Energiekonzepte meiner Bauten: Ausgehend von der Überlegung, daß ökologische Architektur annähernd keine Umweltbelastung darstellen sollte und daher auch mit erneuerbaren – vornehmlich vor Ort vorhandenen Energien – betrieben werden sollte, erscheint es mir für die Architektur (und damit für die Wohnqualität) wenig attraktiv, den Bewohner völlig einzuigeln (wie im super-wärmegedämmten und verlustminimierten Iglu). Viel zu sehr sind mir Licht, Sonne, Bezug zum Wetter, Klima und Architektur schlechthin ein Anliegen, als daß ich mich in meiner Arbeit in diesen Aspekten einschränken ließe.

Vielmehr besteht meine Architektur gerade aus Licht und Schatten, Orientierung und Spannung, Öffnen und Verschließen und dergleichen. Daher bevorzuge ich prinzipiell die hohen solaren Gewinne (die mir eben Glas erlaubt) dem technisch allzu hoch getriebenen Bewahren der Energie. Können ganz auf Verlustreduzierung setzende Konzepte (wie etwa das sogenannte „Passivhaus") die Heizsaison in unseren Breiten auf etwa 3 Wintermonate reduzieren, so erlaube ich mir eher eine um 2 Monate längere Heizsaison, deren längere Dauer ich aber – relativ locker – mit der Sonne abdecke: ich erspare mir superhochgetriebene (und auf der Baustelle schwer realisierbare) Details und setze die so ersparten Kosten lieber für ein paar Quadratmeter Glas ein. Glas, das mir eben diese zusätzlich benötigte Energie liefert: sei es über thermische Wasserkollektoren zur längerfristigen Speicherung oder über den Luftkollektor Wintergarten oder transluzente Wärmedämmung."

Ein ähnliches Argument gegen das Passivhaus kommt von Sobek: „Die ‚traditionellen' Niedrigenergiehäuser mit ihren kleinen Fenstern und ihrer starken Isolierung erlauben dem Nutzer keine Beziehung zur Umwelt. Es geht darum, daß der Nutzer nicht abgeschottet wird, sondern den Kontakt mit der Natur gewinnt." Die Möglichkeit der Ernte von Solarenergie sorgt dafür, daß Energiesimulation heute bereits als normales Verfahren zum Entwurfsprozeß gehört: „Dabei wird Gebäudeplanung von mir immer in Zusammenarbeit mit Architekten und Energie-Fachingenieuren betrieben. Es werden Energieverbrauchssimulationen vorgenommen, um den Energieverbrauch zu minimieren" (Sobek).

Die Kombination des Licht- und Energiearguments zeigt einen doppelten Vorteil auf: „Im Zusammenhang eines gesamtklimatischen Konzeptes ist der Baustoff Glas hervorragend geeignet, wenn die Möglichkeit gegeben wird, Licht- und Energieeinfall in Abhängigkeit von Tages- und Jahreszeit zu steuern. Ohne ein solches Konzept ist der Baustoff Glas kritisch zu bewerten" (Theilig).

Behling geht soweit zu folgern, daß nur nach einer Lösung der ökologischen Probleme des Glases eine wirkliche Glasarchitektur entstehen wird: „Obwohl ich mich mit Glas als tragendem Element ausführlich beschäftige, halte ich die energetische Optimierung von Glas für noch wichtiger. Erst wenn wir die energetischen Herausforderungen wie Dämmwert und Sonnenschutz in den Griff bekommen haben, kann es zu einem ungehinderten Einsatz von Glas kommen".

The fact that there is a solar energy gain using glass architecture raises the question of the amortization of energy expenditure in the production of glass: "In principle, I consider glass as an ecologically advantageous building material. Although a lot of energy flows into the process of its production, this energy can be regained quickly in architecture. We were able to prove an energetic amortization of less than a year for winter-gardens with insulation glass on the southern front." Reinberg refers here to a publication (F 863) by Arge Passiv Solar (1987) "Residents' influence on passive solar systems" published by the Federal Ministry for Building and Technology in Austria.

An adequate energy concept must weight energy loss against energy gain. Whereas so-called passive houses are designed against energy and heat loss, glass houses are designed for energy gain. As Reinberg puts it: "The very special ecological importance of glass in my architecture relates to my preferred strategy of low energy concepts for my buildings. The point of departure is the idea that ecological architecture should hardly burden the environment. Therefore it should run on renewable and possibly locally available energy. In my opinion, it is not very attractive for the architecture and for the housing quality itself to completely hedgehog its inhabitants (as in a super heat-insulated and heat loss minimized igloo). Light, sun and relation to weather, climate etc. is of so much interest to my architecture that I will not let myself be limited in my work regarding these aspects.

Rather, my architecture consists of light and shade, orientation and tension, opening and closing and the like. Hence I prefer, in principle, high solar gains afforded by glass to technically pushed up energy conservation. Concepts entirely devoted to the reduction of heat loss (as in the so-called "Passive-House") may reduce the heating season in our latitude to 3 months in the winter. But I would rather allow myself a heating season which is 2 months longer that I can casually cover with sun. Thus I can save super driven up details which are difficult to realize on the building-site. I can then put the amount saved into a few extra square meters of glass. This glass furnishes the necessary additional energy either by thermal water collectors for long range storage, by the winter garden as a warm air collector or by translucent heat insulation."

A similar argument against passive houses is presented by Sobek: "Low energy buildings with their small windows and strong insulation obstaculate the contact of the user with the environment. The point is not to insulate the user but to maintain his contact with the environment." Therefore, energy simulation is today already a normal part of the design process: "The planning of buildings is always done by me in collaboration with architects and specialist energy engineers. Simulations of energy consumption are made in order to minimize the use of energy" (Sobek).

Combining the light and energy point of view, glass offers a double advantage: "In the context of holistic climatic concepts glass is an excellent building material if a concept for the steering of light and energy input is provided depending on daytime and season. Without such a concept the building material glass must be viewed critically." (Theilig).

Behling thinks that real glass architecture will only be possible when the ecological problems of glass have been solved: "Although I am working extensively with glass as a structural load-bearing material, its energetic application seems to me even more important. Only if we suceed in handling energetic challenges like insulating value and solar shading the use of glass will go unchecked."

Im Klima der nördlichen Hemisphäre ist die Sonne von Vorteil: „Der ökologische Stellenwert des Baustoffes Glas drückt sich für mich darin aus, daß er es ermöglicht, die Sonnenenergie für die Gebäudeheizung (passiv) durch entsprechende Glasfassadengestaltung oder Glasdächer zu nutzen" (Schempp). Gerade dieser Vorteil wird zum Nachteil in den tropischen Regionen (und oft auch während des Sommers in der nördlichen Hemisphäre).

Dies führt uns zum Problem des Sonnenschutzes. Die brasilianischen Architekten Maia & Vasconcellos sagen: „In unserem speziellen Fall ist es besonders wichtig, den Lichteinfall und die tropische Hitze zu bedenken." In Kuala Lumpur entwickelte Kenneth Yeang das Konzept des „tropischen Wolkenkratzers" als einen komplexen Klimafilter. David Kirkland von Grimshaw & Partners erklärt: „Jetzt kann das Studium und Verständnis natürlicher Gegebenheiten vorangetrieben werden und der Produktion von natürlich belüfteten Wolkenkratzern dienen. Bauliche Geometrien und Formen können entstehen, die von der lokalen Umwelt abgeleitet sind." Die architektonischen Probleme im tropischen Klima haben eine Wende von der Solararchitektur zur "bioklimatischen Architektur" bewirkt.

In Abhängigkeit von Gebäudetyp, Lage und Klimabedingungen müssen die Gebäudewände jetzt zu „intelligenten Fassaden" werden, die in der Lage sind, viele und oft widersprüchliche Anforderungen zu erfüllen. Jetzt geht es nicht nur um die einfache Tageslichtnutzung, sondern auch um Lichtlenkung, nicht nur um passiven oder aktiven Gewinn von Solarenergie, sondern auch um flexible Schattierung und die Erhaltung der Energiebilanz, nicht nur um Wärmeisolation, sondern auch um Schallschutz.

Eine der wichtigsten Funktionen von Glas war immer schon die Schaffung eines visuellen Kontaktes mit der Umwelt – eine fundamentale ökologische Funktion. Den täuschungsfreien, realistischen Kontakt mit Gegenständen und der Natur durch Glas betont besonders Hanzawa: „Es kommt darauf an, Objekte so zu zeigen, wie sie sind – seien es Kunstobjekte oder Naturobjekte. Für mich ist Glas ein wichtiges Material, weil es uns verschiedene voneinander getrennte Räume als einen zusammenhängenden transparenten Raum vor Augen führen kann. Durch Glas können wir die Substanz von kulturellen Objekten und auch von natürlichen Umgebungen bewahren." Oder Ingenhoven: „Transparenz, Tageslicht, Blickbeziehung von innen nach außen, und umgekehrt, sind mir besonders wichtig".

Die psychologische Auswirkung von Glas wird besonders von Sobek betont: „Es geht darum, daß der Nutzer nicht abgeschottet wird, sondern im Kontakt mit der Natur bleibt. Es entsteht eine andere Geisteshaltung, wenn der Nutzer nicht abgeschottet wird. Die Beziehung des Nutzers zur Umwelt zu schaffen ist eigentlich nur mit Glas möglich."

In the climate of the northern hemisphere the sun is an advantage: "For me the ecological importance of the building material glass is expressed by the fact that it enables us to use solar energy, by a fitting design of glass façades or roofs, for the (passive) heating of buildings" (Schempp). However, this very advantage turns into a disadvantage in tropical regions (but often also during summer in the northern hemisphere).

This brings about the problem of solar protection. The Brazilian architects Maia & Vasconcellos say: "In our specific case it is very important to observe the light conditions and the tropical heat". In Kuala Lumpur Kenneth Yeang developed the concept of the "Tropical Skyscraper" as a complex filter of climate. David Kirkland from Grimshaw & Partners explains: "The study and comprehension of natural phenomena can now be undertaken producing skyscrapers that are naturally ventilated and building geometries and forms can be generated from the local environment." The needs of architecture in tropical climates have produced a shift away from the concept of solar architecture in the direction of "bioclimatic architecture."

Depending on building type, location and climatic conditions the walls of buildings must now become "smart façades"– capable of fulfilling many even contradictory demands. It is now not only the simple utilization of daylight but also its guidance, not only the passive or active gain of solar energy but also sun shading and the maintenance of energy balance, not only thermal insulation but also sound protection.

One basic function of glass in architecture has always been the maintenance of visual contact with the environment – a fundamentally ecological function. The veridical realistic visual contact with objects and nature has been stressed by Hanzawa: "It is important to show things as they are properly – be it objects of art or of nature. For me glass is an important material because it makes us aware of different divided spaces as one successive transparent space. By using glass we can conserve the condition of cultural objects and also of natural environments." Or as Ingenhoven puts it: "For me, transparency, daylight and visual relationship from inside out or from outside in are the most important."

The psychological impact of glass is stressed by Sobek: "The point is not to insulate the user but to maintain his contact with the environment. Another spiritual attitude results if the user is not insulated. To maintain the relationship of the user to the environment is probably only possible by glass."

Von Sonne, Licht und Schatten: Bioklimatische Interessen

Of Sun, Light and Shade: Bioclimatic Interests

Emilio Ambasz, New York

- Botanisches Zentrum San Antonio Lucille Halsell Konservatorium, San Antonio, USA
- Mycal Kultur- und Sportzentrum, Shin-Sanda, Japan

- San Antonio Botanical Center Lucille Halsell Conservatory, San Antonio, USA
- Mycal Cultural and Athletics Center, Shin-Sanda, Japan

Emilio Ambasz, geboren 1943, Studium der Architektur in Princeton, USA. Dozent und Gastprofessor an zahlreichen amerikanischen Universitäten sowie an der Hochschule für Gestaltung Ulm. Langjähriger Kurator für Design am Museum of Modern Art, New York.

Zu seinen wichtigsten Projekten gehören das Mycal Sanda Cultural Center in Japan, das Museum of American Folk Art in New York und das San Antonio Botanical Center in Texas.

Er erhielt zahlreiche internationale Auszeichnungen, u.a den „National Glass Association Award" (1988) und den „Progressive Architecture Award" (1976, 1980, 1985).

Emilio Ambasz, born in 1943, studied Architecture in Princeton, USA. Lecturer and guest professor at numerous American Universities as well as the Hochschule für Gestaltung Ulm. He was also the curator for Design at the Museum of Modern Art, New York.

His most important projects include the Mycal Cultural Center in Japan, the Museum of American Folk Art in New York and the San Antonio Botanical Center in Texas.

He has received various international awards including the "National Glass Association Award" (1988) and the "Progressive Architecture Award" (1976, 1980, 1985).

Botanisches Zentrum San Antonio Lucille Halsell Konservatorium, San Antonio

San Antonio Botanical Center Lucille Halsell Conservatory, San Antonio

Das Lucille Halsell Konservatorium ist ein Komplex von Gewächshäusern, der im heißen und trockenen Klima des südlichen Texas liegt. Im Gegensatz zu nördlichen Klimazonen, in denen verglaste Gewächshäuser die Sonneneinstrahlung maximieren sollen, müssen im Klima von San Antonio die Pflanzen vor der Sonne geschützt werden.

Im Lucille Halsell Konservatorium wird die Erde als schützender Behälter für die Pflanzen benutzt. Licht und Hitze werden durch Beschränkung der Verglasung auf den Dächern geregelt. Weil er mit Erdaufschüttungen überdeckt ist, fügt sich der Gewächshauskomplex harmonisch in die ihn umgebende sanfte Hügellandschaft ein.

Glas wird als Deckel für die Erdbehälter eingesetzt. Um größeren Pflanzen Platz zu bieten, wird dieser stellenweise kegelförmig angehoben. Die verschiedenen Formen der Kegelspitzen richten sich nach Lage und Sonnenorientierung. Dadurch entsteht der Eindruck von eigentümlichen Glastempeln, die friedlich über die Landschaft verstreut liegen.

The Lucille Halsell Conservatory is a complex of greenhouses situated in the hot and dry climate of southern Texas. In contrast to the northern climatic regions, where greenhouses made of glass should maximize solar irradiation, in the climate of San Antonio, plants have to be protected from the sun.

The Lucille Halsell Conservatory employs the earth as a protective container for the plants. Light and heat are regulated by the limitation of glass to the roofs. Since the conservatory complex is covered with earth, it harmoniously blends in with the surrounding landscape of soft rolling hills.

The glass serves as a lid for the earth containers. The lid is shaped like a glass cone in order to facilitate larger plants. The difference in the forms of the cone-shaped tips depend on site and solar orientation. This results in a picture of strange glass temples peacefully distributed over the landscape.

Schnitt
Section

Die Gartenanlagen sind nach dem Muster traditioneller japanischer in einzelne Bereiche unterteilt und leicht terrassiert. In den Schwimmbecken befinden sich Oberlichter zur Beleuchtung der darunter liegenden Räume. Eine wellenförmig geschwungene Glaswand lehnt sich schräg an die beiden äußeren Seiten des Winkels an und bildet ein großräumiges Glashaus vor der fünfstöckigen Anlage von Büro- und Ver-sammlungsräumen. Dieses Glashaus bietet einen angenehmen Aufenthaltsraum, in dem es während aller Jahreszeiten grünt und blüht. Von den Balkonen der fünfstöckigen Innenwand hängen aus Trögen Pflanzen in das Glashaus herunter und ergänzen so den Garten nach innen.

Following in the Japanese tradition, the gardens are subdivided into different portions and are slightly terraced. The swimming pools contain the skylights for lighting the rooms situated underneath. A wave-like swung glass wall leans against the outside of the angular building, forming a large glasshouse in front of a five story arrangement of offices and meeting rooms. This glasshouse offers a comfortable location which is green and blossoms the whole year around. From the balcony interiors of the five stories, wall plants hang down into the glasshouse from flower boxes, thus completing the garden from the inside.

Grundriß
Plan

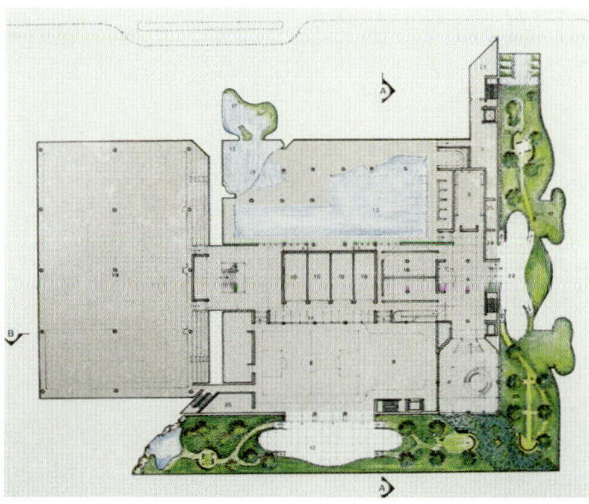

Bauherr Client
Nichii Labor Union
Architekt Architect
Emilio Ambasz
Tragwerksplanung
Load-bearing structure design
Taisei Construction Co., Osaka
Gebäudefläche Gesamt Total Gross Area
45.000 m^2
Fertigstellung Completed in
1994

Françoise-Hélène Jourda, Paris

- Akademie Mont-Cenis, Herne, Deutschland
- Palais de Justice, Melun, Frankreich

- Mont-Cenis Academy, Herne, Germany
- Palais de Justice, Melun, France

Françoise-Hélène Jourda, geboren 1955, Architektin, Professur an der Technischen Universität Wien, Dozentin an den Architekturschulen Lyon, Saint-Etienne und Oslo sowie an den Universitäten Minnesota/USA, Kassel und am Polytechnikum London. Seit 1980 Partnerschaft mit dem Architekten Gilles Perraudin, seit 1998 eigenes Büro „Jourda Architectes" in Paris und Lyon.

Zu den wichtigsten Bauten gehören die Akademie Mont-Cenis in Herne-Sodingen, das Gerichtsgebäude in Melun, die Metro-Station „Parilly" in Vénissieux, die Internationale Schule von Lyon, das Kunstzentrum Indira Ghandi Neu-Delhi, die Kongreßzentren in Toulouse und Dijon, das Europäische Parlament von Straßburg , die Universität Marne La Vallée und zahlreiche biotechnische und experimentelle Privathäuser auf der ganzen Welt.

Françoise-Hélène Jourda, born in 1955, architect, professor at the Technical University Vienna, Lecturer at architectural schools in Lyon, Saint-Etienne and Oslo as well as the Universities Minnesota/USA, Kassel and at the Polytechnikum London. She has been working in partnership with the architects Gilles Perraudin since 1980, and has had her own office "Jourda Architectes" in Paris and Lyon since 1998.

Her most important buildings include the Mont-Cenis Academy in Herne-Sodingen, the court building in Melun, the Metro-Station "Parilly" in Vénissieux, the International School in Lyon, the Indira Ghandi Art Center in New Delhi, the Congress Centers in Toulouse and Dijon, the European Parlia-ment in Strasbourg, the Marne La Vallée University and numerous biotechnical and experimental private residences all over the world.

Akademie Mont-Cenis, Herne

Mont-Cenis Academy, Herne

Im Jahr 1991 wurde vom Land Nordrhein-Westfalen und der Internationalen Bauausstellung (IBA) Emscher Park ein internationaler Wettbewerb für den Neubau der Fortbildungsakademie des Innenministeriums des Landes veranstaltet. Das Team um die Architekten Jourda und Perraudin, Lyon, gewann den ersten Preis. Das ursprüngliche Bauprogramm enthielt Seminarräume, Hotelräume, ein Restaurant, eine Turnhalle, eine Bibliothek, Freizeiteinrichtungen und Sportplätze im Freien.

Seit der Überarbeitungsphase des Wettbewerbs, in der sich das Team durchsetzen konnte, kooperiert es mit Hegger Hegger Schleiff (HHS). Das Team, erweitert um die Ingenieure Ove Arup und Partner und Agibat MTI sowie den Lehrstuhl Klimagerechte Architektur an der Universität Dortmund, erhielt 1993 einen Forschungsauftrag der Europäischen Gemeinschaft, um die Durchführbarkeit des neuartigen Umwelt-Konzepts der „mikroklimatischen Hülle" wissenschaftlich zu untersuchen. Die Ergebnisse der Analysen, Berechnungen und Computersimulationen bestätigten 1994 die Machbarkeit des Projektes.

Parallel dazu schlug das Architektenteam vor, in das Dach ein Solarkraftwerk mit einer Spitzenleistung von 1 MW zu integrieren. Diese lange Zeit utopisch anmutende Idee ließ sich am Ende realisieren. Die Ergebnisse der Studie ermutigten den Bauherrn, das Projekt ab 1996 fortzusetzen und Bauherrenfunktionen an eine neu gegründete „Entwicklungsgesellschaft Mont-Cenis" (EMC) zu übertragen.

In 1991 a two stage architectural competition organized by the International Building Exhibition (IBA) Emscher Park and the province of Northrhine-Westphalia was won by Jourda & Perraudin from Lyon, France. The brief for the government training center included seminar facilities, meeting rooms, hotel-type accommodation, a restaurant, a gymnasium, a library, leisure facilities and an outdoor sports fields.

In 1993 the Hegger Hegger Schleiff (HHS) and Jourda & Perraudin joint venture with consulting engineers Ove Arup and Partners and Agibat MTI and the chair of clima conditioned architecture of the University Dortmund, carried out a research project under a program of the European Union which verified by computer simulation the environmental benefits of a "Micro-Climatic-Envelope". The Final Report of the research project was completed in 1994 and its main conclusions were positive.

Following the favorable results of the research project and the further proposal to incorporate a great photovoltaic solar power generator with a peak performance of 1 MW into the roof of the envelope, the client decided to proceed with the project. A new company was founded 1996 to represent the various client bodies: The "Entwicklungsgesellschaft Mont Cenis" (EMC).

Die Bauarbeiten begannen im März 1997, nach Beendigung der Detailplanung. Das Projekt wurde im Herbst 1999 abgeschlossen.

Die Fortbildungsakademie liegt auf dem Gelände der ehemaligen Zeche Mont-Cenis, die den Impuls für die Entwicklung des umliegenden Ortsteiles Sodingen gegeben hatte. Nach Schließung der Zeche mußte Ersatz für die verlorene Mitte geschaffen werden. Die Fortbildungsakademie des Innenministeriums des Landes Nordrhein-Westfalen sollte als der Motor der neuen Entwicklung dienen.

Mit dem Gebäude sind öffentliche Einrichtungen des Stadtteils verbunden (Bürgersaal, Stadtteilbüros und eine Bibliothek). Mit einem bestehenden Einkaufszentrum wurden neue Geschäfte, Dienstleistungseinrichtungen, Büros und Praxen eingebunden. Ein neues Wohngebiet mit 250 Häusern und vielfältigen Wohnformen soll entstehen. Die Grünan-lagen sollten in Verbindung mit der umliegenden Landschaft gestaltet werden.

Die gläserne Hülle des Projektes stellt neue räumliche Qualitäten her. Sie bietet dem Benutzer einen halböffentlichen Raum mit einem für diese Breiten ungewöhnlichen Aufenthaltswert. Es herrscht ein mildes Klima, Regen und Wind sind ausgesperrt.

Construction began on site in March 1997 following the completion of detailed design. The project was completed in fall 1999.

The "Academy" is located on the ground of the former mine Mont-Cenis which had given impulse to the development of the surrounding locality of Sodingen. After the mine had been closed, a substitute for the lost center had to be created. The "Academy" of the Province Northrhine-Westphalia was to be the motor of the new development.

With the building public service buildings are connected (a multi purpose meeting hall, civic administration offices and a library). An existing shopping center is to be extended with new shops and offices. An existing housing area was to be completed by 250 housing units of different types. A landscaped park was to be associated with the surrounding environment.

The glass envelope creates new spatial qualities. It offers the user a semi-public space with climatic conditions new to this area. The climate is temperate, protected from the rain and the wind outside.

Für die Innenhäuser ist weniger Fläche erforderlich. Innerhalb der geschützten Welt des Glashauses können die Gebäude nahezu wie Innenräume gebaut werden. Die Innenhäuser verdeutlichen ihre Funktion; sie sind in zwei Zeilen um einen gemeinsamen Freiraum gruppiert. Natürliche Materialien bestimmen das Bild: Das Tragwerk der Glashülle ist aus Holz, die Verkleidung der Innenhäuser ebenso. Sie nehmen einen Dialog mit dem begrünten Innenraum der Glashalle und ihrem Umfeld auf. Das architektonische Konzept der „mikroklimatischen Hülle" basiert auf der Verbesserung der klimatischen Umgebung einer Gruppe von Gebäuden.

Die Glashülle bewirkt eine „klimatische Verschiebung". Sie erzeugt ein Klima mit den Vorzügen mediterraner Zonen. Im Winter herrschen in der Glashülle höhere Temperaturen, die Nutzer sind weder Wind noch Regen ausgesetzt. Die Klimadaten im Inneren der Hülle sind denen von Nizza ähnlich. Entsprechend verringert sich der Energiebedarf der Gebäude. Die Innenhäuser müssen nicht absolut wind- und regendicht sein. Um Überhitzung zu vermeiden, werden im Sommer Dach- und Fassadenelemente geöffnet und die Hülle wird von außen durchlüftet. Der Schatten der Bäume und die Effekte von Wasserspielen bringen zusätzlich Kühlung. Zur Lüftung der Innenhäuser wird über Erdkanäle Frischluft aus kühlen Bereichen außerhalb der Glashülle eingeleitet.

Auf dem Glasdach der Halle ist das weltweit größte dachintegrierte Solarkraftwerk mit einer Modulfläche von 10.000 m² untergebracht. Für die Photovoltaikmodule des Solardaches wurde auf der Oberseite eisenarmes, gehärtetes Floatglas, auf der Unterseite normales, gehärtetes Floatglas verwendet. Die Glasdicken sind auf der Oberseite 6 mm, auf der Unterseite 8 mm. Der Zwischenraum der beiden Gläser mit Solarzellen und Gießharzfüllung hat eine Dicke von 2 mm. Die Module haben eine Größe von ca. 3 m² und sind begehbar.

Mit Hilfe von Tageslichtsimulationen wurde eine wolkenförmige Verteilung der Solarzellen erarbeitet, die gute Tageslichtbeleuchtung garantiert, eine Peak-Leistung von 1 MW erreicht und durch Verschattung zur Verhinderung der Überhitzung beiträgt.

Insgesamt produziert das Gebäude durch die Solarzellen mehr Energie als es verbraucht. Es ergibt sich ein Überschuß an Primärenergie von fast 1.200 MWh im Jahr. Die Photovoltaik liegt in ihrer energetischen Amortisation bei 3–5 Jahren.

(Quellen:
- Helmut F.O. Müller in: „Symposium Energiefassaden", hrsg. von der DGS Gesellschaft für Sonnenenergie Landesverband Berlin Brandenburg e. V., 1999
- Dokumentation der Entwicklungsgesellschaft Mont-Cenis, Oktober 1998)

Less area is needed for the internal buildings, and inside the glasshouse they can be built very simply, almost like interior buildings. The buildings are expressive of their functions; they are grouped in two blocks around a communal space. Natural materials dominate; the glass-house structure is mainly wood as is the cladding of the interior buildings. The architecture of these buildings relates to the internal landscaping and the surrounding park. The architectural concept called "Micro-Climatic Envelope" is to create an improved environment around a group of buildings.

The glass envelope brings about a climatic shift. It creates a climate close to that of the Mediterranean. In winter the interior temperatures are less severe, the users will be sheltered from the rain and wind. The climatic conditions of the interior are similar to those of Nice. As a consequence, the energy consumption of the interior buildings is reduced. It is not necessary for the interior buildings to be completely weather-tight. In summer, to avoid overheating, certain elements of the façade will be opened to ventilate the glasshouse. The vegetation and refreshing effects of a water basin will cool the interior building, fresh air will be drawn in by tunnels from external zones.

On the glass roof of the hall the worlds largest roof with integrated solar energy plant is located, featuring a modular surface of 10,000 m². The photovoltaic modules of the solar roof are made on their upper side using 6 mm low-iron and tempered float glass, on their lower side using 8 mm normal and tempered float glass. The interstice of 2 mm between the two glasses contains the solar cells and a filling of cast resin. The modules measure approximately 3 m² and may be walked on.
By means of daylight simulation, a cloud-like distribution of the solar cells was worked out in such a way that good daylight was guaranteed, a peak efficiency of 1 MW was reached and the shading attributed to avoid overheating.

On the whole, the building produces, by means of the solar cells, more energy than it consumes. During the year a primary energy gain of almost 1,200 MWh results. The amortisation of photovoltaic energy ranges from 3 to 5 years.

(Sources:
- Helmut F.O. Müller in: „Symposium Energiefassaden“, hrsg. von der DGS Gesellschaft für Sonnenenergie Landesverband Berlin Brandenburg e. V., 1999
- Documentation of the "Entwicklungsgesellschaft Mont-Cenis", Oktober 1998)

Bauherrengemeinschaft
Client Society
Entwicklungsgesellschaft Mont-Cenis, NRW, Stadt Herne, IBA GmbH, Stadtwerke Herne AG, Staatl. Bauamt Bochum
Architektengemeinschaft
Architectural Society
Jourda & Perraudin Architectes, Jourda Architectes, Paris; HHS Planer + Architekten BDA, Kassel
Projektleiter Project Manager
Gavin Arnold, Lauren Levallois, Tilman Latz
Tragwerksplanung
Load-bearing structure design
Schlaich, Bergermann & Partner, Stuttgart; HL Technik AG, Frankfurt/M.; ARUP GmbH, Düsseldorf
Solarkraftwerk Solar Energy Station
Pilkington Solar International GmbH, Köln
Beratung bzgl. Tageslicht, thermischem Raumklima und natürlicher Lüftung
Consultant for day lighting, thermic room conditioning and natural aeration
Lehrstuhl Klimagerechte Architektur, Universität Dortmund
Glassfassade Glass façade
Gebr. Schneider, Stimpfach
Objektplanung Object planning
Jourda Architects, Paris
HHS Planer und Architekten, Kassel
Gebäudefläche Base
13.000 m²
Bauzeit Building time
1997-1999

Licht- / Sonneneinfall
Light / Sunrays

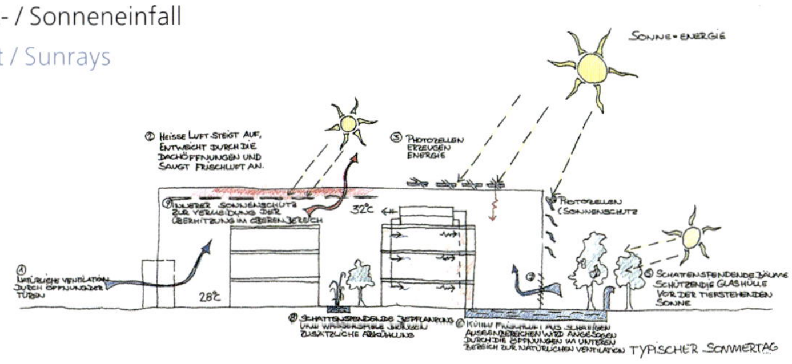

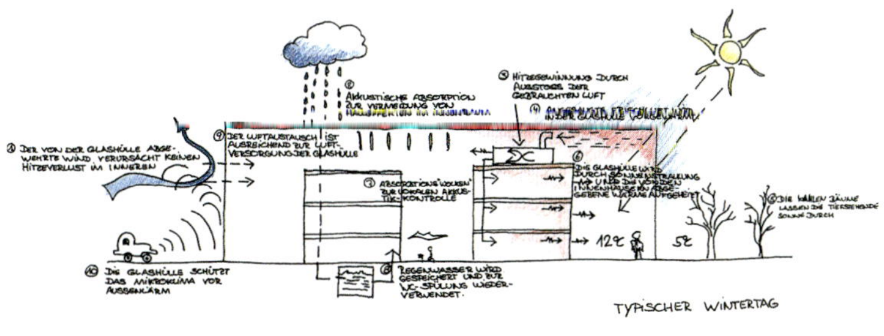

Palais de Justice, Melun

Palais de Justice, Melun

Ein Gerichtsgebäude stellt die interessante Aufgabe, das Innenleben räumlich so zu trennen, daß keine unpassenden Begegnungen zwischen Besuchern und Richtern stattfinden können. Außerdem müssen für den Umgang mit Straftätern bestimmte Sicherheitsvorkehrungen getroffen werden. Das Justizgebäude in Melun mußte diese Aufgaben gleich für fünf unabhängig voneinander funktionierende Gerichte lösen. Alle Gerichtssäle und Warteräume befinden sich im Erdgeschoß. Parkplätze und Archive sind im Keller auf zwei Ebenen untergebracht.

Die innere Verkehrsführung wird aber nach außen nicht sichtbar. Besonders fällt der Vorhof auf, der mit einem Vordach abgedeckt ist, das durch baumähnliche Säulen aus Stahl getragen wird. Die Fassaden des Erdgeschosses sind aus undurchsichtigem Milchglas, in die der Grafiker Ruedi Baur in großen Lettern die Worte „Palais de Justice" eingraviert hat. Die Fassaden der anderen Stockwerke sind mit Klappen ausgerüstet, die sich wie Augenlider nach oben öffnen und nach unten schließen lassen und die Assoziation von Insektenflügeln erwecken.

A courthouse building poses the interesting problem of separating the internal traffic of the public and the legal authority in such a way, that no unsuitable meeting occurs between them. In addition to this, special security measures have to be taken when dealing with criminals. The Palais de Justice de Melun has had to solve these problems for five different law courts which function independently from one another. All the courtrooms and waiting rooms are located on the ground floor level. The parking spaces and archives are situated on two levels in the basement.

The inner directing of traffic is, however, not visible on the outside of the building. Here attention is captured by a parvis which is covered by a canopy held by tree-like columns made of steel. The façades on the ground floor are covered by a milky glass. Onto this glass the graphic artist Ruedi Baur has engraved the words "Palais de Justice" in big letters. The facades of the other stories are covered by shutters which open and close vertically like eyelids, conjuring up associations of an elytrum-like structure.

Lageplan mit Nutzungsschema

Location plan with functional areas

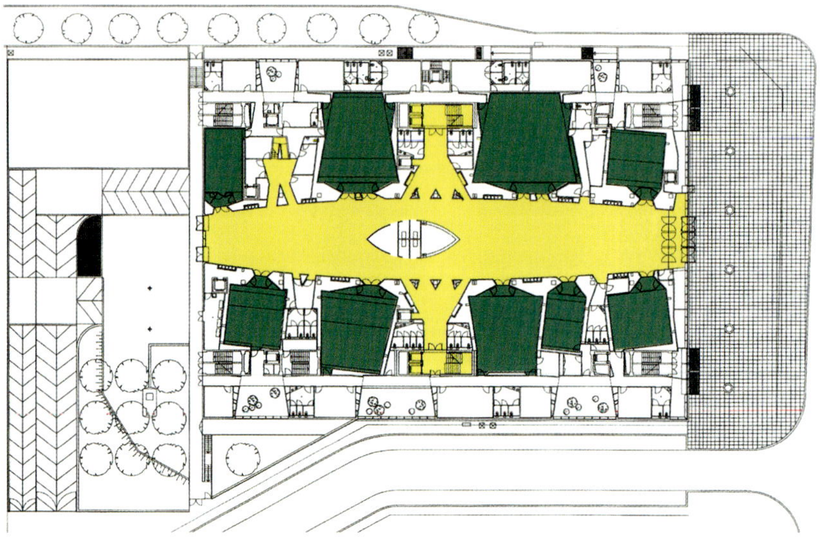

Grundriß
Plan

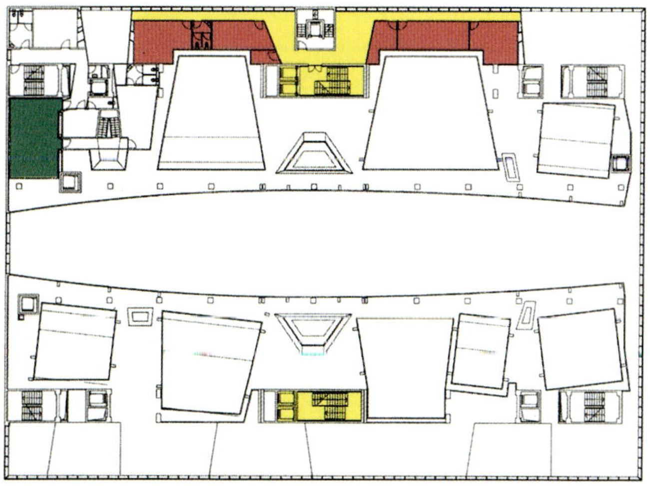

Bauherr Client
Ministère de la Justice
Architekten Architects
Françoise Jourda & Gilles Perraudin architectes
Projektleiter
Project Manager
Gavin Arnold, Dominique Gautier,
Jean-Marie Puig
Tragwerksplanung
Load-bearing structure design
AGIBAT
Fassaden Façades
CEEF
Grundstücksfläche Plot size
22.757 m²
Gebäudefläche Base
16.007 m²
Bauzeit Building time
1996 – 1998

Éolo Maia & Jô Vasconcellos, Belo Horizonte

· Officenter Building, Belo Horizonte, Brasilien
· Wanda Bambirra Akademie, Belo Horizonte, Brasilien.

· Officenter Building, Belo Horizonte, Brazil
· Wanda Bambirra Academy, Belo Horizonte, Brazil

Éolo Maia & Jô Vasconcellos, beide studierten Architektur an der Universität Minas Gerais, gemeinsames Büro in Belo Horizonte, Brasilien.

Zu den wichtigsten Bauten gehören der Hellersdorf Distrikt in Berlin, das Lagoa da Pampulha-Projekt in Belo Horizonte, das Büro-, Museums-, Hotel- und Ausbildungsbauten umfaßt.

Auszeichnungen: Goldmedaille 1987 von der Associacion de Criticos de Arte in Buenos Aires für Jò Vasconcellos; Lateinamerikanischer Preis „Diario la Nación" für Éolo Maia.

Éolo Maia & Jô Vasconcellos, both studied Architecture at the Minas Gerais University. They have a common office in Belo Horizonte, Brazil.

The most important buildings include the Hellersdorf District in Berlin, the Lagoa da Pampulha Project in Belo Horizonte, which consists of the Office, Museum, Hotel and Educational building.

Awards: Gold Medal 1987 from the Associacion de Criticos de Arte in Buenos Aires for Jò Vasconcellos; Latin American Prize "Diario la Nación" for Éolo Maia.

Officenter Building, Belo Horizonte

Officenter Building, Belo Horizonte

Im Falle des „Officenter" ist die Ausrichtung der Fenster und der großen Glasflächen auf den tropischen Sonnenstand hin geplant. Durch Schaffung neuer Perspektiven sowie durch Betonung der Licht- und Schattenführung versuchten die Architekten, den Wert dieser Eckbebauung zu steigern. Das Grundstück liegt an der Nahtstelle zwischen der bestehenden Stadt (Belo Horizonte) und einem neuen Stadtteil, der sich am Ufergelände des Flusses, der die Stadt durchschneidet, entwickeln soll.

Die visuelle Beziehung zum Umfeld, die Eigenschaften des Baugeländes und das Bauprogramm legten für das Gebäude eine Rundform auf einer großen Plattform für Geschäfts- und Ladenflächen nahe.

Der runde Grundriß gestattete die Schaffung einer zentralen leeren Fläche, ein inneres, natürlich beleuchtetes Atrium, in dem auch der Aufzug und der Schaft für Installationen ihren Platz finden.

Mit dem Sonnenstand zusammenhängende Faktoren bestimmten eine geschlossene Fläche für die Westfassade, gitterartige Flächen auf der Ostseite, mit Sonnenschutz bestückte Flächen im Norden, und verglaste Flächen auf der Südseite des Gebäudes (die Himmelsrichtungen sind am Äquator zu jenen in den nördlichen

Breiten entgegengesetzt). Diese Flächen sind Elemente der Beleuchtungskontrolle, die sich selbst visuell verändern und sich je nach Sonnenstand vom Hintergrund abheben oder darin verschwinden. Die Grundidee war es, auf der Oberfläche des Gebäudes einen Übergang von den Sonnenschutzflächen zu den Gitterflächen zu schaffen, der beim Umschreiten des Gebäudes zu sehen ist, und diesen Übergang durch die weiche Glashaut auf der Südfassade zu trennen. Auf diese Weise werden die Büroräume durch Öffnungen mit Blick auf verschiedene Gegenden der Stadt vor zu viel Licht und Hitze geschützt und es wird ein angenehmes Klima erzeugt.

Grundriß
Plan

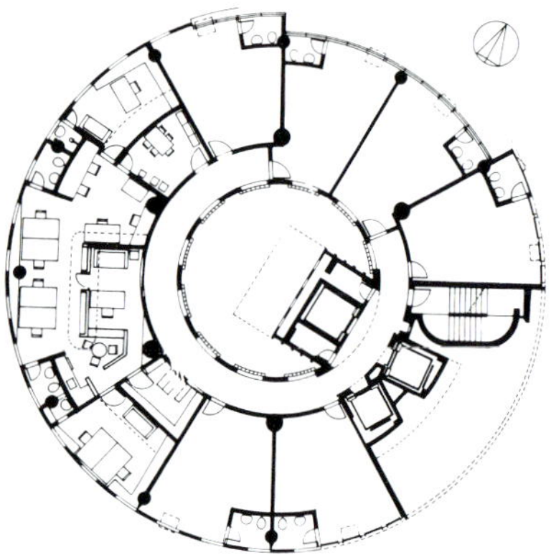

Ansicht
View

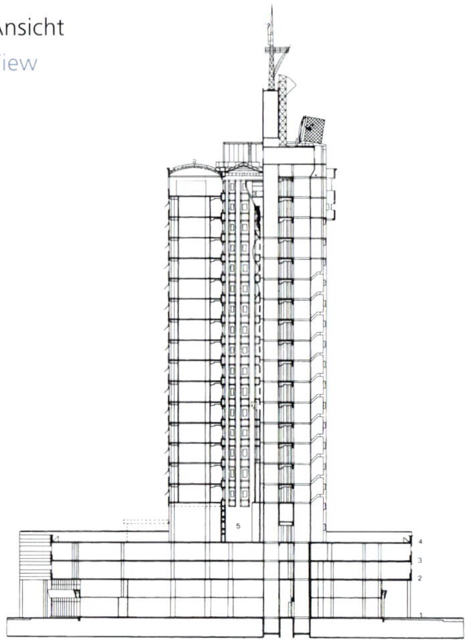

Entwurfsskizze
Design Sketch

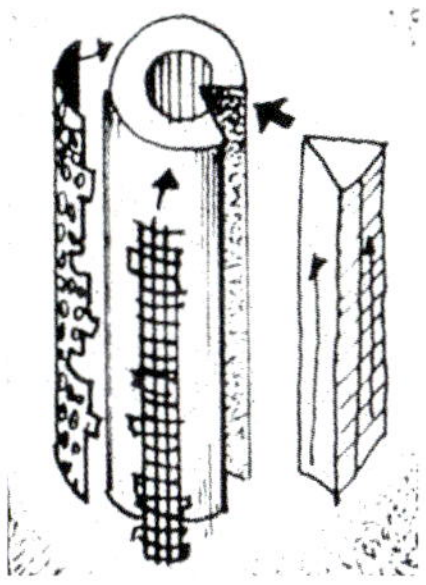

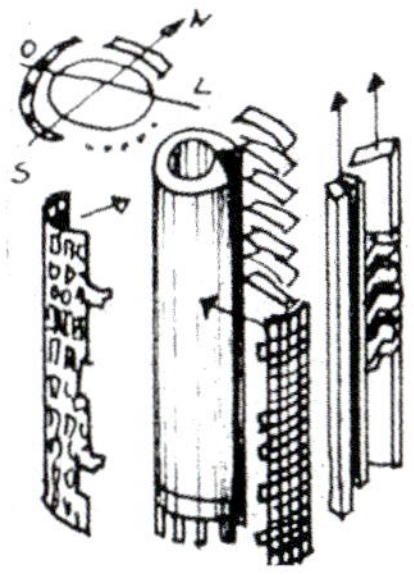

In the case of the "Officenter" condominium – an office tower, the orientation of the windows and large glass surfaces serves as a function for the tropical sun. The plan of the building tries to recover the value of corner buildings by creating new perspectives and points of view whilst emphasizing light and shade treatment. The site is the transition between the existing urban area of Belo Horizonte and a new one to be developed on the banks of the river that cuts across the city.

The visual relationship with the environment, site characteristics and program suggested a circular form for the building, with a large base to be used as a office and shopping area.

The circular plan allowed for the creation of a central, vacant area forming an internal, naturally-lit patio, where the elevator and installation shafts were positioned.

Factors related to the position of the sun defined closed areas on the west side façade, reticulated planes on the east, "brise-soleil" areas in the north and glassed areas on the southern side. (The direction of the sky at the equator is opposite to that in the northern hemisphere). These areas are light control elements which modify themselves visually appearing or blending in with the background, according to the sun's position in the sky. The central idea was to construct a transition on the surface of the building from the "brise-soleil" to the reticulated planes – that can be viewed as you go around the building. The transition is separated by the smooth glass skin on the southern façade. In this way, the offices are always protected from excessive light and heat with openings to many views of the city.

Bauherr Client
Ponta Engenharia
Architekten Architects
Éolo Maia, Jô Vasconcellos
Tragwerksplanung
Load-bearing structure design
Misa Engenharia de Estruturas
Glaskonstruktion Glass construction
Aceto
Grundstücksfläche Plot size
1.721 m^2
Bauzeit Building time
1989 – 1992

Wanda Bambirra Akademie, Belo Horizonte

Wanda Bambirra Academy, Belo Horizonte

Bei der Wanda Bambirra Akademie sind die Glasflächen in Richtung der untergehenden Sonne orientiert. Dort befinden sich Übergangsräume, z.B. das Treppenhaus, und es sollte ein maximaler Lichteinfall in diese Räume erreicht werden. Bei der Akademie handelt es sich um eine Sporthalle, die auf einem kleinen viereckigen Grundstück an einer sehr geschäftigen Ecke von Belo Horizonte liegt.

Das komplexe Bauprogramm erforderte ein fünfstöckiges Gebäude. Im Untergeschoß befindet sich ein geräumiger Saal für Muskeltraining. Ebenerdig liegen der Empfangsraum, die Eingangshalle und ein anderer geräumiger Saal für Aerobic. Der dritte Stock ist ein Zwischengeschoß für technische Infrastruktur. Untersuchungsräume und Baderäume für Männer befinden sich im vierten Stock. Ein Schwimmbecken, ein Becken für Hydrotherapie, eine kleine Tribüne, ein Baderaum für Frauen und ein weiterer Baderaum für Männer liegen auf dem fünften Stock. Die Stockwerke sind durch Treppen verbunden, die mit blauem Glas gedeckt sind. Das Hauptgebäude ist wegen der starken tropischen Sonne völlig geschlossen.

Dieses Projekt nutzt die verschiedenen Eigenschaften von Formen und Materialien. Eine große runde Schale bedeckt die Baderäume, das Zwischengeschoß und einen Teil des Schwimmbeckens. Diese Schale ist das Ergebnis eines Experimentes, in dem die dünnen Gerten der tropischen Bambuspflanze als Form für die Verschalung eingesetzt wurden. Daraus ergab sich die Gestalt eines Helmes, wie ihn die Gladiatoren der Antike trugen – Sinnbild der Stärke und des Mutes von Athleten.

In the Wanda Bambirra Academy the glazed parts are oriented to the direction of the sunset. Situated here are transitory spaces such as the stairways where we required maximum light. The building is a gymnasium, located on a small quadrilateral plot at a very busy corner of Belo Horizonte.

The very complex building program demanded a compact project with five floors. In the basement there is a spacious area for muscle exercises and on the ground level floor there is the reception room, the entrance hall and another large space used for aerobics. The third floor is a mezzanine used for technical meetings. The examination rooms and men's bathrooms are located on the fourth floor. Finally, the swimming pool, the pool used for hydrotherapy, a small grandstand, female and a male bathrooms are situated on the fifth floor. All floors are connected by stairs covered by blue glass. The main part of the building is completely closed off due to the strong tropical sun.

The project explores the characteristics of various shapes and materials. A huge round shell covers the bathrooms, the mezzanine and part of the pool. This shell is the result of an experiment using thin tropical bamboo sticks as a mold. After erecting the mold an iron-colored concrete was injected. The shell was then covered by an iron stitch. The resulting shape is reminiscent of the kind of helmet worn by ancient gladiators, thus emphasizing an athlete's strength and hardiness.

Die andere Fassade ist eine gewellte mit Stahl bedeckte Wand, die den „Helm" durchkreuzt. Diese Wand ist mit Löchern für Ventilation perforiert. Nachts fällt das Licht der Innenräume durch diese Löcher und die Fassade sieht aus wie ein Sternenhimmel. Der blaue sich auftürmende Körper, der das Treppenhaus überdeckt, verbindet die Räume und besänftigt die Gegensätze auf der Fassade.

Grundriß

Plan

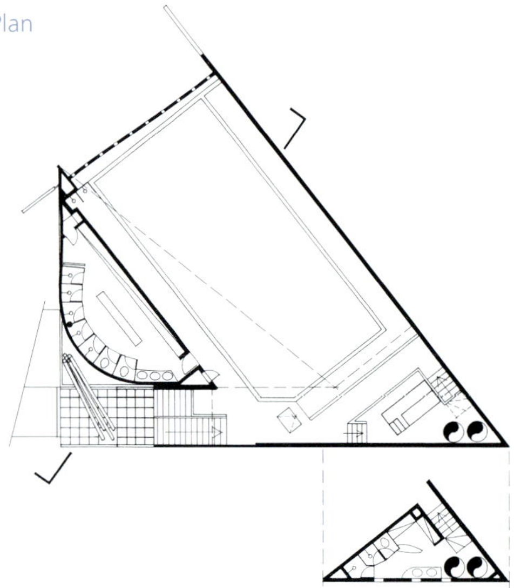

Bauherr Client
Academia Wanda Bambirra
Architekten Architects
Éolo Maia, Jô Vasconcellos
Tragwerksplanung
Load-bearing structure design
Misa Engenharia de Estruturas
Glaskonstruktion Glass construction
Funcional Serralheria
Grundstücksfläche Plot size
850 m²
Bauzeit Building time
1997/98

On the other façade, there is a sinuous wall covered by steel and crossing the "helmet". This wall is perforated by many holes for ventilation purposes. At night, the lights of the building's rooms shine through these holes and the façade seems like a starry sky. The blue staggered area that covers the stairs links the spaces and improves the contrasts on the façade.

Ansicht
View

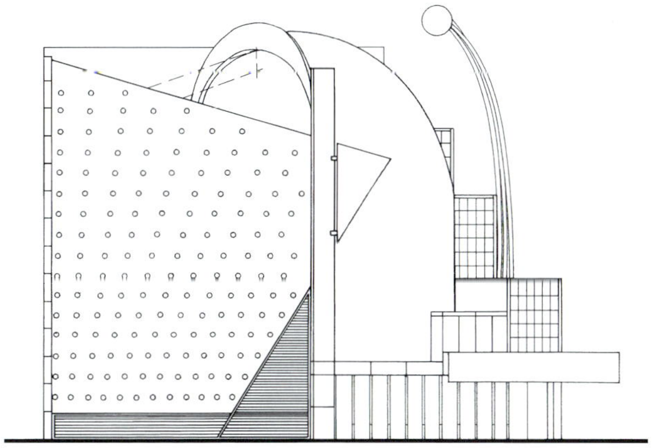

Schnitt
Section

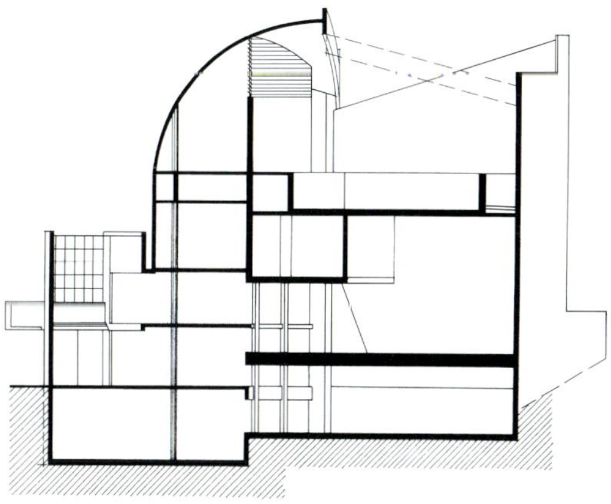

Georg W. Reinberg, Wien

· Wohnprojekte Purkersdorf und Sagedergasse Wien, Österreich
· Bürohaus und Wohnbauten, Gleisdorf, Österreich

· Residential Projects Purkersdorf and Sagedergasse, Vienna, Austria
· Office Building and Residential Buildings, Gleisdorf, Austria

Georg W. Reinberg, geboren 1950, Studium der Architektur in Wien und Syracuse, N.Y., seit 1982 selbständige Tätigkeit, 1984 Gründung der ARGE Architekten Reinberg-Treberspurg (seit 1990: Reinberg-Treberspurg-Raith, bis 1998), seit 1997 Gastprofessor an der Donauuniversität Krems (Solararchitektur) seit 1999 Lehrauftrag an der Technischen Universität Graz für „Solares Bauen".

Zu seinen wichtigsten Projekten gehören Wohnprojekte in Purkersdorf, Wohnprojekte in Wien (Sagedergasse, Müllnermaisgasse „Aspern an der Sonne", Brünnerstraße), Wohnprojekt Salzburg Gneis-Moos, u.a. sowie zahlreiche realisierte Projekte, die sich mit innovativen Solartechniken im sozialen Wohnungsbau auseinandersetzen. Intensive Forschungen, gefördert u.a. durch die EU, begleiten diese Projekte.

Auszeichnungen: 1991 Österreichischer Ökopreis für Architektur (2.Preis).

Georg W. Reinberg, born in 1950, studied Architecture in Vienna and Syracuse N.Y., has worked independently since 1982, founded the ARGE architects Reinberg-Treberspurg in 1984 (since 1990: Reinberg-Treberspurg-Raith, until 1998), has been teaching as a guest lec-turer at the University in Krems (Solar architecture) since 1997 and at the Technical University Graz for "Solares Bauen" since 1999.

His most important projects include the Residential projects in Purkersdorf, Residential projects in Vienna (Sagedergasse, Müllnermaisgasse - "Aspern an der Sonne", Brünnerstraße), Residential project in Salzburg Gneis-Moos) as well as numerous projects that have been realized which tackle the issue of innovative solar technology in social residential building. Intensive research, supported amongst others by the EU, accompany these projects.

Awards: 1991 Austrian Ecology Prize for Architecture (2nd Prize).

Zunächst sind diese Bauten für mich persönlich wichtig: Die Solararchitektur des Purkersdorfer Projektes steht für mich als ein Aufbruch, ein Beginn, etwas Neues, das ich in meiner gesamten Arbeit weiterverfolgen konnte. War der Einsatz von Isolierglas für die Solarnutzung in der (Wintergarten-) Architektur im sozialen Wohnbau in Purkersdorf etwas noch nicht Erprobtes und lagen für das Isolierglas auch noch keine Erfahrungswerte vor, so sind zur Zeit des Projektes Gleisdorf und des Pro-jektes Sagedergasse gute Isolierwerte der hochwärmedämmenden Verglasungen bereits behördlich vorgeschrieben und die Arbeit gilt hier der Optimierung des Isolierglases.

Firstly these buildings are of personal importance to me: The Purkersdorf project's solar architecture was a starting point for me, a beginning, something new which I was able to follow up in all my work. The application of insulating glass for solar gain in the (winter garden) architecture of the social housing project in Purkersdorf was something entirely new and not yet tried out. For insulating glass none of the empirical results, customary in social housing, existed. At the time of the Gleisdorf and Sagedergasse projects good insulating values of heat-insulating glazing were already required by the authorities. Now the work is directed towards optimizing insulating glasses.

Wohnprojekt Purkersdorf, Wien

Residential Project Purkersdorf, Vienna

Die Glasarchitektur im Projekt Purkersdorf, versteht sich als integraler Bestandteil der Architektur dieser Anlage: es wurde ein Gebäudekonzept entwickelt, das in seiner gesamten Gestalt in Richtung Süden orientiert ist, und an dieser Südseite erfolgt eine komplette Verglasung der Fassade zur passiven Nutzung der Sonnenenergie. Damit wurde dieses Projekt für mich zum ersten Schritt in Richtung einer Architektursprache, die sich aus der Solarnutzung und anderen ökologischen Ansprüchen ableitet. Wobei die verglasten Südflächen bewußt zur Formulierung einer Vorderseite (in diesem Fall eine Schmalseite) eingesetzt wurden.

The glass architecture in the project Purkersdorf, is an integrated part of the architecture of the whole construction complex: A building concept was developed that, in its overall configuration, is directed towards the south and it is there where a complete glazing is placed for the passive utilization of solar energy. Thus this project became for me a first step in the direction of an architectural language derived from using the sun and other ecological demands. The glazed southern side was consciously employed as a front (in this case a narrow side).

Wichtig erscheint mir in diesem Projekt auch der Einsatz des Glashauses als Bereich des Übergangs zwischen „Drinnen" und „Draußen". Entspricht es der Tradition der „Wienerwaldvillen" in der Umgebung des Projektes, diesen Übergang in differenzierten Abfolgen zu inszenieren, so kann gerade diese Tradition im Glashaus weiterverfolgt werden. Gleichzeitig stellt sie natürlich eine technische Optimierung des traditionellen Wintergartens der Wienerwaldvillen dar.

Wichtig ist dieses Projekt für mich auch deshalb, weil ich darin wohne: mein Glashaus tagtäglich erlebe, meine laufende Glas-Erfahrung hier mache und die Sonne und das Wetter eben unter diesem Glas am besten erfahre.

In this project it is also important that the glass house is used as a transition between the inside and outside. This corresponds to the tradition of the Vienna-Forrest-Villas. This is in the surroundings of the project which stages this transition in differentiated sequences – a tradition which can be followed up in the glasshouse. At the same time it also represents a technical optimization of the traditional winter garden of the Vienna-Forrest-Villas.

This project is also important for me because I live in it: I experience my glasshouse during the day, I encounter the glass here and I can get to know the sun and live with it, and the weather best under this glass.

Aufsicht

Top view

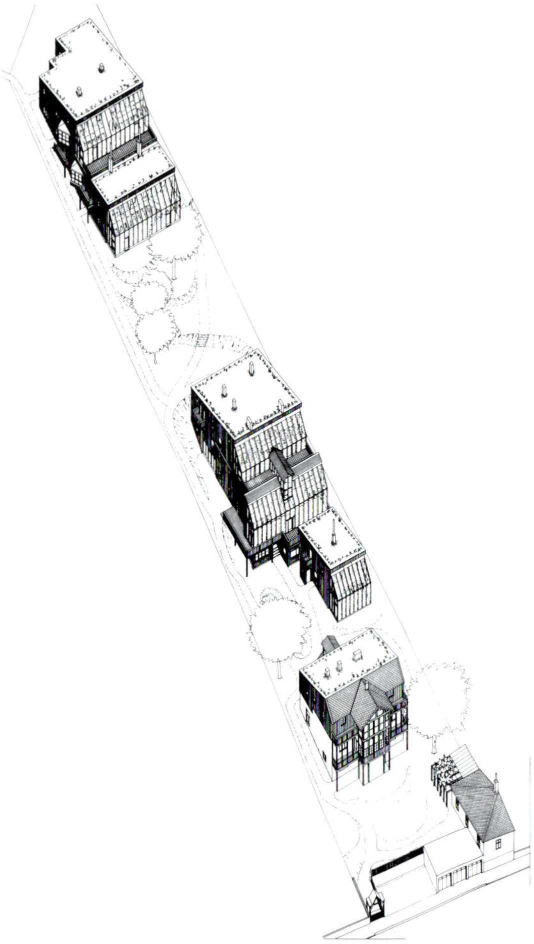

Grundriß

Plan

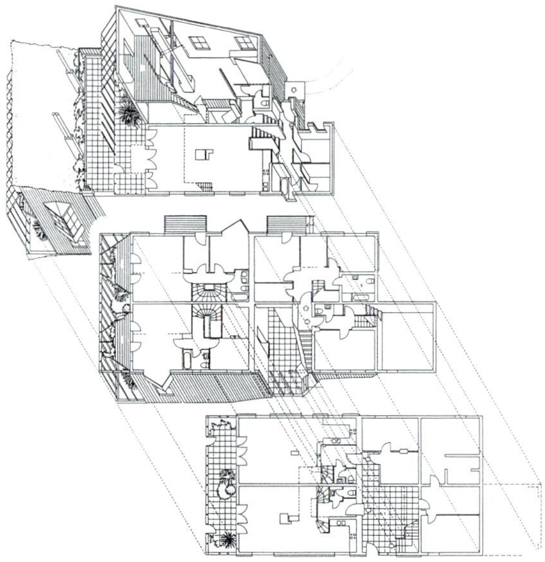

Schnitt
Section

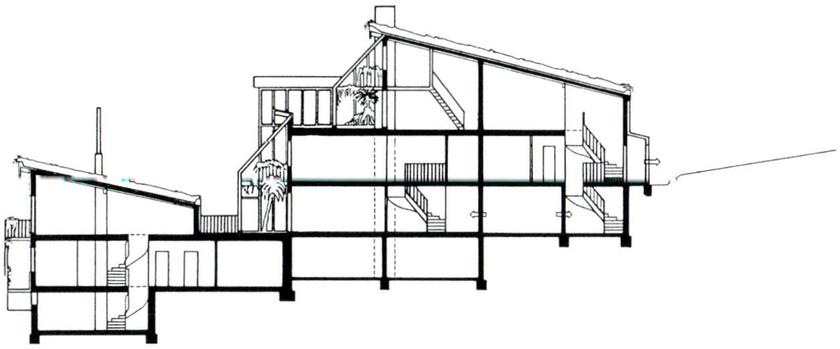

Bauherrengemeinschaft Client Society
Verein Projekt Alternatives Wohnen
Architekt Architect
Georg W. Reinberg, Wien
Ausführungsplanung und örtliche Bauaufsicht
Supervision of construction
Reinberg und Riesenhuber, Wien
Tragwerksplanung
Load-bearing structure design
Helmut Lutz, Wien
Glaskonstruktion Glass construction
Ferro-Glas, Hörsching
Grundstücksfläche Plot size
3.247 m²
Gebäudefläche Base
35.740 m²
Bauzeit Building time
1983/84

Wohnprojekt Sagedergasse, Wien

Residential Project Sagedergasse, Vienna

Ein ähnliches Konzept, aber mit wesentlich weiterentwickelten Technologien (Lüftungswärmerückgewinnung, Luft-Erde-Wärmetauscher, Warmwasserkollektoren etc.) ergab sich in der Sagedergasse: Wieder wurde mit Solararchitektur auf ein sehr langes Grundstück reagiert, das nur von der schmalen Südseite Sonne bekommt.

Mit einem Kollektordach sowie einem Photovoltaik-Vordach sollte die Sonnenenergie, die sonst auf dem Asphalt der nördlichen Straße verlorenginge, für das Wohnprojekt genutzt werden.

Südlich ist dem Dachgeschoß jeweils ein Wintergarten, der seitlich in das Schlafgeschoß heruntergezogen ist, vorgestellt und eine Terrasse vorgelagert. Dieses Öffnen zur Sonne bedeutet auch ein Öffnen der Architektur mit allen sich daraus ergebenden Tageslichtqualitäten.

A similar concept but with substantially further developed technology (recuperation of exhaust warmth, air-earth heat exchanger, warm water collector, etc.) resulted in Sagedergasse: Again we reacted to a very long plot with solar architecture which only obtains sun from its narrow side.

The sun energy normally lost on the asphalt on the north side of the street, was utilized for the residential project with the aid of a collector's roof as well as a photovoltaic pre-roof.

There are winter gardens on the southern side of the roof attic and this is also where the terrace is situated. This opening towards the sun also means an opening in the architecture with all the daylight qualities that result from this.

Aufsicht

Top view

Grundriß: 2. Stockwerk, 1. Stockwerk

Plan: 2nd floor, 1st floor

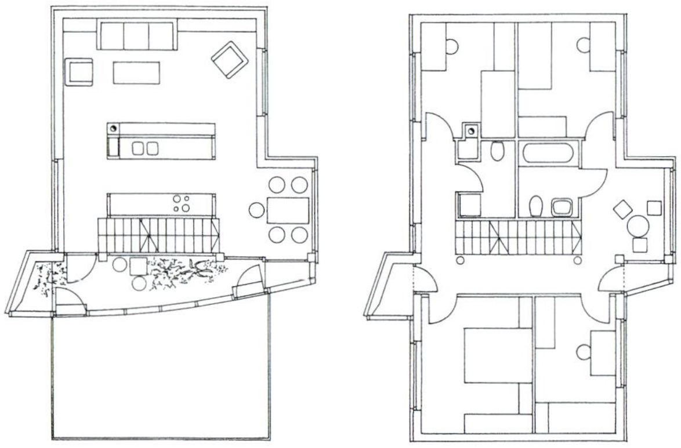

Schnitt

Section

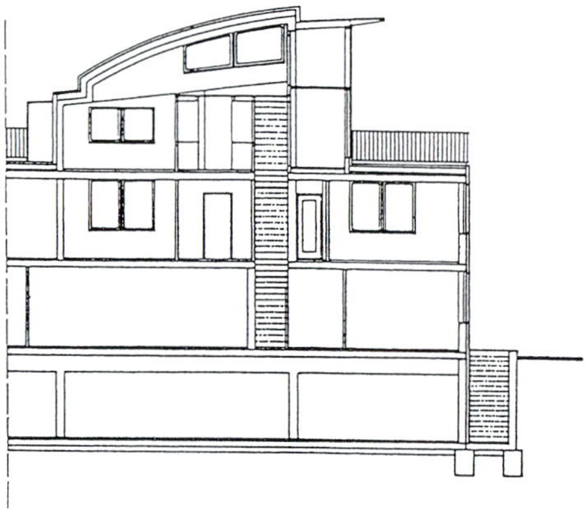

Bauträger Client
AH (Gemeinnützige Siedlungs-Genossenschaft Altmannsdorf-Hetzendorf), Wien
Architekt Architect
Georg W. Reinberg, Wien
Statlk Static
Helmut Lutz, Wien
Verglasung Glazing
Grillnberger, Purgstal
Grundstücksfläche Plot size
1.276 m^2
Gebäudefläche Base
424 m^2
Bauzeit Building time
1997/98

Bürohaus und Wohnbauten, Gleisdorf

Office Building and Residential Buildings, Gleisdorf

Nach der Realisierung von vielen Glashäusern im Wohnbau als temporärer Wohnbereich zur passiven Solarnutzung verfolgt der Einsatz des Glashauses im Bürohaus Gleisdorf ein dem Wohnungsbau zwar ähnliches, doch auch sehr unterschiedliches Konzept.

Im Bürohaus Gleisdorf erhält das Glashaus zusätzlich eine Funktion als Kontrastraum zum Büro. Den Konditionen des Bürobereiches wie diffuses Tageslicht, sehr stabile Temperaturen, der überwiegend sitzenden und auf die Arbeit konzentrierten Tätigkeit vor dem Bildschirm, wird der Wintergarten als „Kontrastbereich" gegenübergestellt: Hohe Erlebnisqualität, Orientierung nach außen, schwankende Temperaturen (auch als „Kreislaufanreger"), direktes und wechselhaftes Sonnenlicht, weite Ausblicke, Stiegensteigen und einfache Kommunikation sind Qualitäten dieses Bereiches, die auch der Gesamtqualität und Produktivität des gesamten Büros zugute kommen sollen.

Zugleich ist dieser „Glasbereich" inklusive der gläsernen Warmwasser-Kollektoren und der gläsernen Photovoltaik auch Bereich der Selbstdarstellung des Büros, das sich auf die Technik der erneuerbaren Energien spezialisiert hat.

After the realization of glass houses in housing as a temporary living space for passive solar use, the application of the glass house in the office building Gleisdorf pursues a similar concept although it is very different from housing.

In the office building Gleisdorf the glass house assumes the additional function of a space contrasting with the office. The winter garden opposes the conditions of the office (such as diffuse daylight, very stabile temperatures, the work concentrated in front of a monitor) by high sensual quality, orientation towards the outside, fluctuating temperatures (good for stimulating circulation), direct and changing sunlight, a panoramic view, climbing stairs and simple communication. These are qualities of this area which should enhance the total quality and productivity of the entire office.

At the same time, this glass area including its warm water collectors made of glass and its photovoltaic equipment serves the self representation of the office (specialized in techniques of renewable energy).

Dieter Schempp, LOG ID, Tübingen

· Das Glashaus - Stadtbibliothek und Kulturtreff, Herten, Deutschland
· Bezirksverwaltung einer Berufsgenossenschaft (BGW), Dresden, Deutschland

· The Glass House – City Library and Cultural Center, Herten, Germany
· District Administration of an Employers' Association (BGW), Dresden, Germany

Dieter Schempp, geboren 1941, Studium an der Fachhochschule Detmold, Architekt (Mitglied des BDA, BDIA) und seit 1967 Inhaber eines Architekturbüros mit Schwerpunkt Design.

Gründer der Planungsgruppe LOG ID, Herausgeber und Autor zahlreicher Bücher über Solararchitektur, Professor an der Universität Krems und Chefredakteur der Fachzeitschrift „Glasforum". Architektur- und Designpreise.

Dieter Schempp, born in 1941, studied at the Detmold College, Architect (Member of the BDA, BDIA) and has owned an architectural office since 1967 with a particular focus on design.

Founder of the planning group LOG ID, Editor and Author of numerous books on solar architecture, Professor at the University of Krems and Chief Editor of the specialized trade magazine "Glasforum". Architecture and Design Prizes.

Beide Projekte wurden nach dem Prinzip der „Grünen Solararchitektur" geplant. Sie nutzen die Sonnenenergie zur Beheizung des Gebäudes und teilweise, über Photovoltaik, zur Stromerzeugung. Die Gebäude sind in den Innenräumen bepflanzt. Die Pflanzen dienen dazu, diese Gebäude zu klimatisieren, Sauerstoff zu produzieren und Schadstoffe in der Luft zu binden.

Sonnenenergie ist eine sinnlich erfahrbare Energiequelle, sauber, unerschöpflich und kostenlos. Solararchitektur reduziert den Schadstoffausstoß in die Außenluft und leistet somit einen ökologischen Beitrag. Beide Gebäude haben im Rahmen der Grünen Solararchitektur einen Vorbildcharakter.

Both projects have been planned according to the principles of Green Solar Architecture. Solar energy is used to heat the building and to produce energy with photovoltaic equipment. The buildings are planted inside. The plants serve to air condition the buildings, to produce oxygen and to bind deleterious matter from the air.

Solar energy, and hence solar architecture, are energy sources experienced by the senses. This energy is clean, inexhaustible and free of cost. Solar energy helps to reduce exhaustion of deleterious matter into the outside air and thus contributes to the maintenance of nature. Both buildings are exemplary for Green Solar Architecture.

Schnitt: Büro

Section: Office

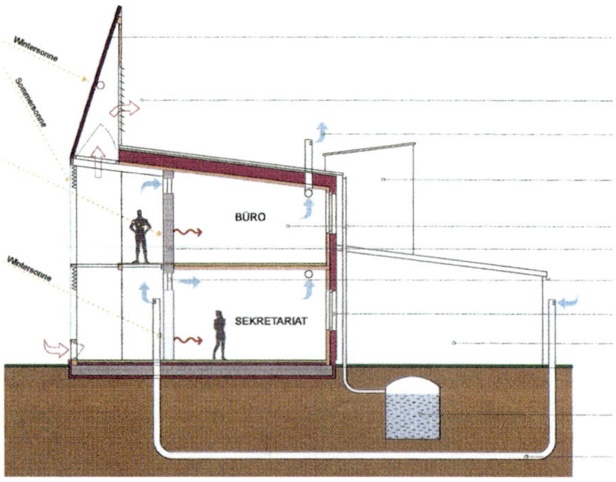

Bauträger Client

LiebBau Weiz GmbH & Co. KG

Architekt Architect

Georg W. Reinberg, Wien

Statik Statics

Johann Riebenbauer, Graz

Energietechnik Energy technology

ARGE Erneuerbare Energie

Verglasung Glazing

Glaszentrum Kohlhauser GmbH

Grundstücksfläche Plot size

2.529 m²

Gebäudefläche Base

793 m²

Bauzeit Building time

1998/99

Das Glashaus – Stadtbibliothek und Kulturtreff, Herten

The Glass House – City Library and Cultural Center, Herten

Das Massivgebäude der Bibliothek ist ein Winkelbau mit kompakter Außenfläche und großflächigen Geschossen.

Das Kulturzentrum „Glashaus" hat die Form einer Rotunde, die intensive Raumbeziehungen zwischen Bibliothek und Grünbereich sowie vom Grünbereich zur Innen- und Außenzonen ermöglicht. Es ist mit subtropischen Spezies bepflanzt und dient der unmittelbaren Umsetzung von Sonnenenergie in Wärme.

Das große Glasdach schützt den Außenbereich des Kulturzentrums vor Regen, Schnee und Wind. Es macht eine vielfältige kulturelle Nutzung unter Einbeziehung der angrenzenden Außenräume möglich. Im Zwischenraum von Massivgebäude (Bibliothek) und Glasdach ist eine zusätzliche Nutzung von Solarenergie gegeben.

The massive building of the library is angular, showing a compact external surface and large surface storeys.

The cultural center Glass House is a rotunda which permits intensive spatial connections between the library and the planted areas and, at the same time, between inner and outer areas. It is planted with subtropic species and serves the immediate transformation of solar energy in heat.

The large glass roof also protects the external zones from rain, snow and wind. It renders possible a multitude of cultural uses including the surrounding ouside spaces. The space between the massive building (library) and the glass roof allows for additional solar energy use.

Grundriß

Plan

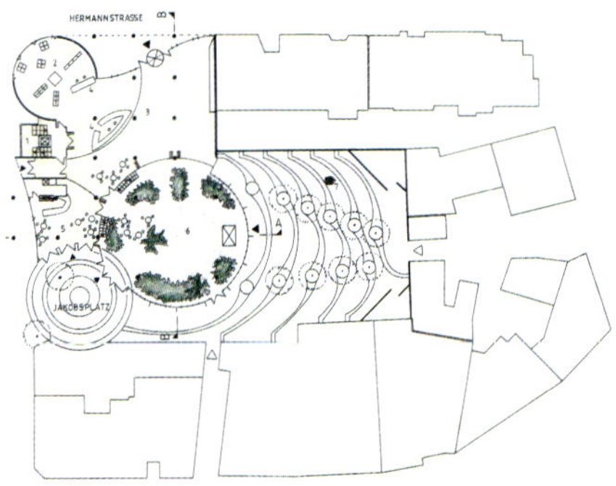

Schema Energiesystem

Scheme of energy system

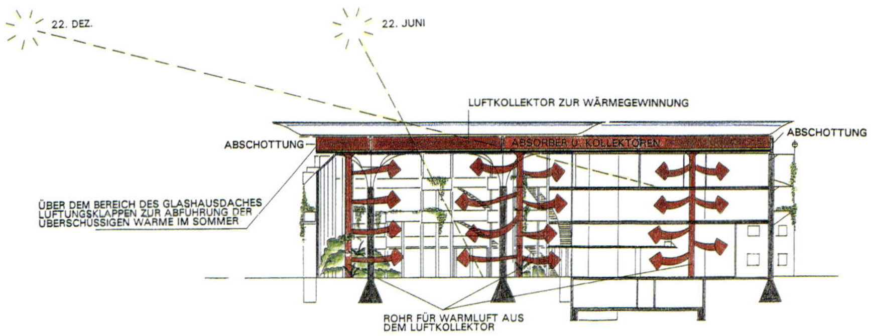

Detail der Fassade
Detail of façade

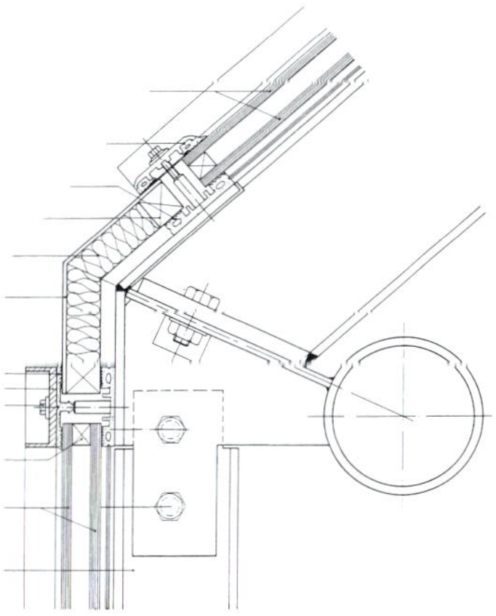

Bauherr Client
Stadt Herten
Architekt Architect
LOG ID, Dieter Schempp
Tragwerksplanung
Load-bearing structure design
Werner Dittrich
Glaskonstruktion Glass construction
Woschko
Gebäudefläche Base
15.761 m^2
Bauzeit Building time
1992-1994

Bezirksverwaltung einer Berufsgenossenschaft (BGW), Dresden

District Administration of an Employers' Association (BGW), Dresden

Bedingt durch die Grundstückssituation sowie durch die Überlegungen zur Arbeitsplatzqualität entstand ein kompakter Baukörper mit einer komplett verglasten Südfassade und einem für Solargebäude verhältnismäßig großen Glasanteil auf der Nordseite. Diese leitet in ein geschwungenes Dach über, das sich nach Süden hin öffnet und so auch in seiner Gestaltung die Südorientierung des Gebäudes dokumentiert. Auf der Westseite ist das Gebäude abgestuft und leitet harmonisch zum Schulgebäude auf dem Nachbargrundstück über. Eine eindrucksvolle alte Eiche, die einzige, die aus dem Bestand der ursprünglichen Straßenrandbepflanzung übrig geblieben war, markiert den Eingangsbereich.

Vorrang bei der Planung hatten eine ökologisch verträgliche Architektur mit hoher Gebäudequalität, gesundheitsschonende Arbeitsplätze und eine preisgünstige Bauweise. Wir strebten einen Jahresenergiebedarf von höchstens 67 kWh/m^2 an und erreichten sogar 52 kWh/m^2. Die Sonnenenergie wird möglichst passiv genutzt, um technischen Aufwand zu ersparen. Um den Stromverbrauch zu reduzieren, sollte das Tageslicht bestmöglich ausgenutzt werden. Die Belichtung der Arbeitsplätze mußte computergerecht sein.

On the basis of the land plot and considerations for high quality working places a compact building resulted with a completely glazed southern façade and with a large proportion of glass on the north side, untypical of solar buildings. That north side provides the transition into a curving roof which opens towards the south displaying, by its design, the building's southward orientation. The west side of the building descends in steps and gives a harmonious transition toward the school building on the neighbouring plot. The entrance area is marked by an impressive old oak tree, the only

one to have survived from the vegetation originally planted along the sides of the street.

In the planning, priority status was given to ecologically compatible architecture in a high-quality building, healthy working places, and low-cost mode of construction. The aim was an annual energy requirement of no more than 67 kWh/m². We even reached 52 kWh/m². Solar energy is used in a passive way to avoid technical expenditures. Optimum use is made of daylight to reduce electricity consumption. The working places are lit in a manner suitable for computer use.

Die große Variabilität des Gebäudeinneren wurde durch den Verzicht auf massive Trennwände und Flure erreicht. Die Verkehrsflächen entstanden durch abgrenzende 90 cm hohe Schrankelemente. Die Büros sind untereinander durch hohe Schränke abgeteilt, zu den Verkehrs- und Pflanzenflächen hin jedoch offen. Um die Lichtverhältnisse zu regulieren, wurden vor jedem Büro nach Süden hin individuell bedienbare Schiebeflächen aus farbigem Glas installiert.

Great variability in the interior of the building was achieved by doing without massive dividing walls and corridors. Traffic surfaces resulted from cabinet elements 90 cm high. Offices too are divided from one another by tall cabinets, but they are open toward the business and plant growing area. Individually movable sliding surfaces of colored glass were installed on the south side in front of every office to regulate lighting according to each case.

Grundriß

Plan

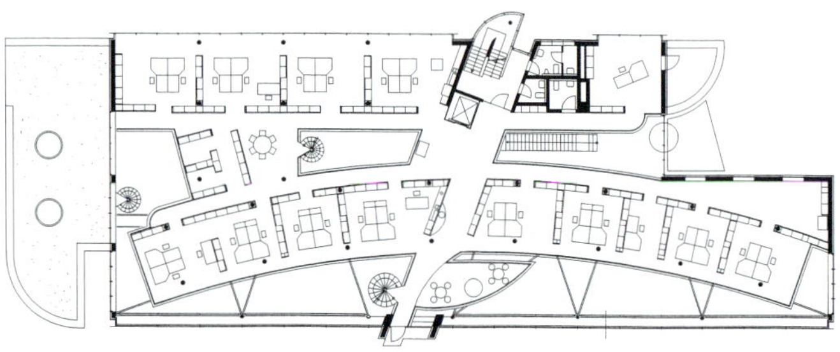

Ansichten Ost und West

East and West views

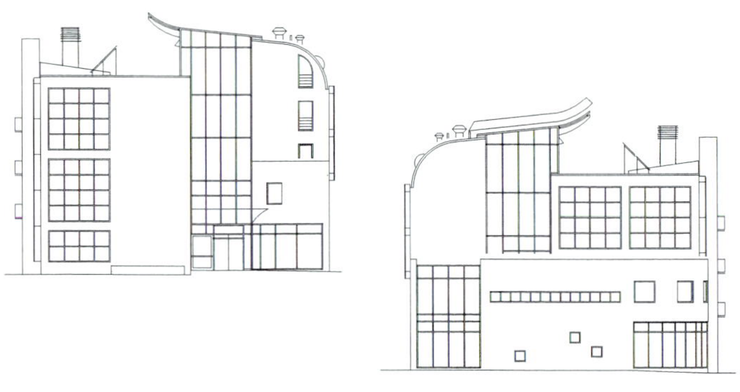

Ansicht Nord

North view

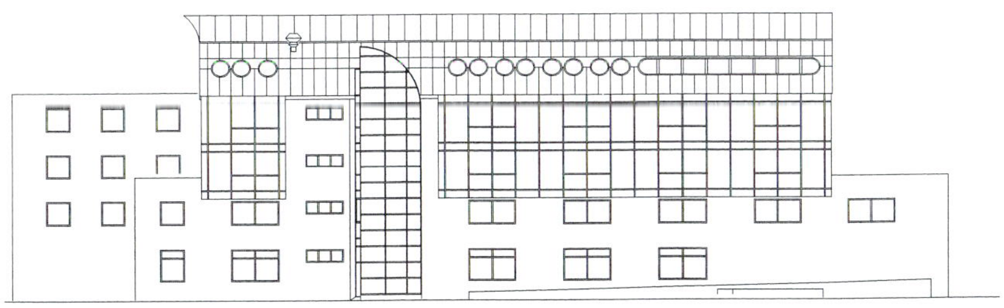

Bauherr Client

Hauptverwaltung BWG, Hamburg

Architekt Architect

LOG ID, Dieter Schempp

Tragwerksplanung

Load-bearing structure system

Werner Dittrich

Glaskonstruktion Glass construction

Fenster Keller

Grundstücksfläche Plot size

2.278 m²

Gebäudefläche Base

1.070 m²

Bauzeit Building time

1994 – 1996

Kenneth Yeang, Kuala Lumpur

· Mesiniaga Turm, Kuala Lumpur, Malaisia
· Umno Turm, Penang, Malaisia

· Mesiniaga Tower, Kuala Lumpur, Malaysia
· Umno Tower, Penang, Malaysia

Kenneth Yeang, geboren 1948 in Penang (Malaisia), Studium der Architektur an der AA School (London), Promotion in Landschaftsplanung an der Universität Cambrigde. Dozent an zahlreichen Universitäten und Instituten weltweit. Seit 1976 Partnerschaft mit Tengku Robert Hamzah, mit Büros in Malaisia, Singapur, China und Australien.

Zu seinen wichtigsten Bauten gehören das Mesiniaga Hochhaus, das UMNO Hochhaus sowie das IBM Plaza Hochhaus in Malaisia. Der Schwerpunkt seiner Arbeit liegt auf dem ökologischen Bauen großer Gebäude und Hochhäuser.

Auszeichnungen: Asia Pacific Distinguished Scholar Award (1999), UIA Auguste Perret Prize for Applied Technology in Architecture (1999), Royal Australian Institute of Architects Award (RAIA, 1998).

Kenneth Yeang, born 1948 in Penang (Malaysia), studied Architecture at the AA School (London) followed by his doctorate on Ecological Design and planning at the University of Cambridge (UK). He has lectured at numerous universities world-wide. Since 1976 he has been in partnership with Tengku Robert Hamzah with offices in Malaysia, Singapore, China and Australia.

His most important completed buildings include the Menara Mesiniaga Tower, the UMNO Tower, the IBM Plaza Tower in Malaysia. The firm's key area of expertise is in the ecological design of large buildings and in skyscraper technology.

Awards: Asia Pacific Distinguished Scholar Award (1999), UIA Auguste Perret Prize for Applied Technology in Architecture (1999), Royal Australian Institute of Architects International Award (RAIA, 1998).

Mesiniaga Turm, Kuala Lumpur

Mesiniaga Tower, Kuala Lumpur

Das 14-stöckige Mesiniaga Bürohochhaus ist für uns ein Schlüsselprojekt, weil es die bioklimatischen Entwurfsideen vorangehender Projekte in einem einzigen Gebäude zusammenfaßt.

Der Büroturm ist nicht nur formal ästhetisch, er fügt sich mit seinem bioklimatischen Design auch gut in die Umwelt ein: Ein grünes Terassensystem mit stufenweise angelegten Gärten bildet einen Teil der Fassade. Diese Bepflanzung liefert zum einen natürliche Belüftung (wie eine Art Windfang), zum anderen Schatten. Eine bioklimatische Grundhaltung beeinflußt die internen und externen Gestaltungselemente: das Resultat ist ein Niedrigenergie-Gebäude. Dieses mutige und offen wirkende Gebäude ist inzwischen zu einem Wahrzeichen geworden und wurde 1995 mit dem „Aga Khan Award für Architektur" ausgezeichnet.

The Menara Mesiniaga 14-storey tower is a benchmark building for the firm as it incorporates all the previous project's bioclimatic ideas for skyscrapers, now integrated in one single building.

The building is aesthetically satisfying but responds environmentally to the climate of the place as bioclimatic design. It is important to be aware that bioclimatic design is not ecological design in its entirety but a sub-set of ecological design. It optimises on the range of passive-low-energy design strategies. A green terracing-system of planting is devised for the façade with a series of stepped landscaped atriums. These also serve as wind-catching pockets to bring in natural ventilation into the interiors, when required. Bioclimatically, the built-form is configured and orientated to make use of the service-core as a solar buffer. This results in an operationally low-energy building. The building has since become landmark for the local area and received the Aga Khan Award for Architecture in 1995, besides other awards.

Schnitt
Section

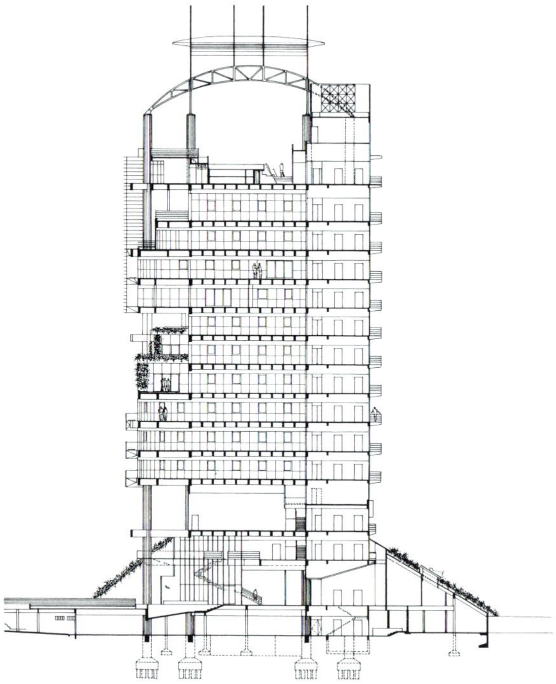

Aufsicht
Top view

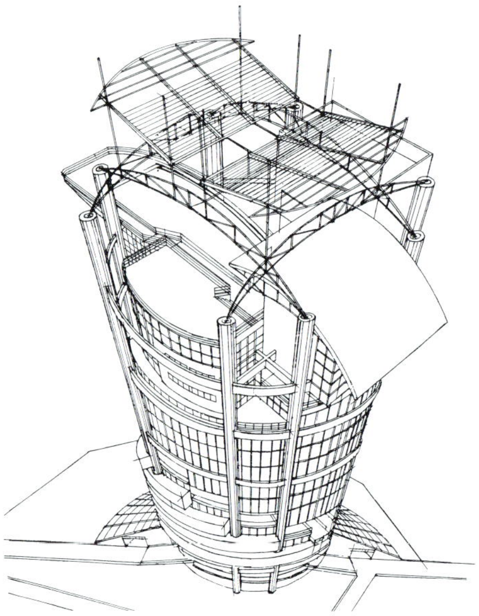

Funktionsskizze

Functional sketch

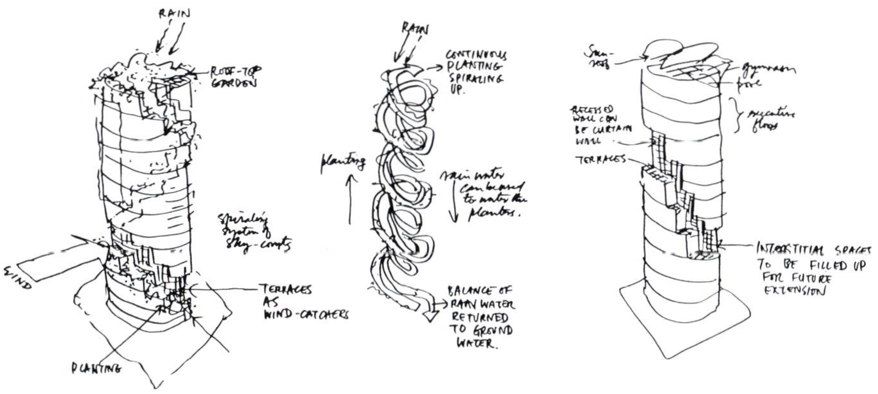

Bauherr Client

Mesiniaga Sdn. Bhd.

(IBM franchise agent in Malaysia)

Architekt Architect

T.R. Hamzah & Yeang Sdn. Bhd.

Tragwerksplanung

Load-bearing structure design

Reka Peranding

Glaskonstruktion Glass construction

Kemajuan Aluminium Sdn. Bhd.

Außenhaut External skin

Laminated float glass,

composite aluminium cladding

Grundstücksfläche Plot size

6.503 m^2

Stockwerke Floors

14,5

Bauzeit Building time

1989 – 1992

UMNO Turm, Penang

UMNO Tower, Penang

162

Der 21-stöckige UMNO Turm ist wichtig, weil es einer der wenigen Wolkenkratzer der Welt ist, der Wind benutzt, um Innenraumkomfort zu schaffen. Wenn notwendig können alle Büroflure natürlich belüftet werden. Das Gebäude hat eine Reihe von Flügelwänden, die aufgrund einer vorangehenden Analyse den Windrichtungsdaten des Ortes in Schlüsselpositionen plaziert sind. Diese Flügelwände leiten den Wind in spezielle Balkonzonen, die als Behälter mit Luftschleusen der natürlichen Belüftung und Kühlung dienen.

Alle Aufzugräume, Treppenhäuser und Toiletten werden natürlich belüftet und haben natürliches Sonnenlicht, die für eine sichere Nutzung und geringen Energieverbrauch sorgen.

The 21-storey UMNO Tower is important because it is one of the few skyscrapers in the world that uses wind to create internal conditions of comfort. Essentially, all office floors can be naturally ventilated (if required). The building has series of wing-walls located at key location depending on the original analysis of the wind-rose data for the locality. These wing-walls direct wind to special balconies zone that serve as pockets with air-locks for natural ventilation and comfort cooling.

All lift lobbies, staircases ans toilets have natural ventilation and sunlight making the building safe to use and are also low-energy to operate.

Lichteinfall

Falling of light

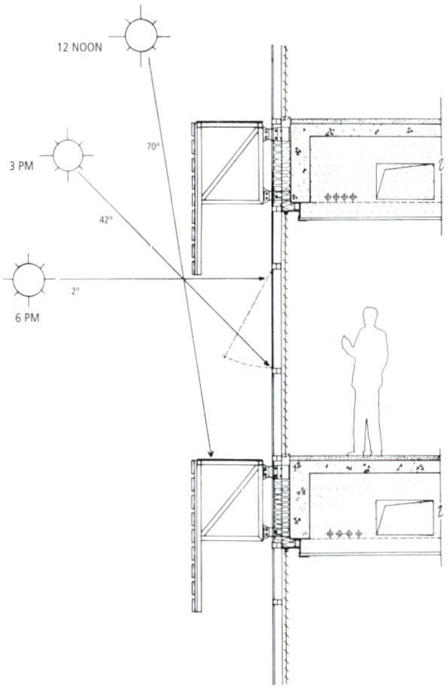

Bauherr Client

South East Asia Development Corporation

Architekt Architect

T. R. Hamzah & Yeang Sdn. Bhd.

Tragwerksplanung

Load-bearing structure design

Tahir Wong

Glaskonstruktion Glass construction

YKK (Japan)

Grundstücksfläche Plot size

1.920 m2

Stockwerke Floors

21

Bauzeit Building time

1995 – 1998

Grundriß

Plan

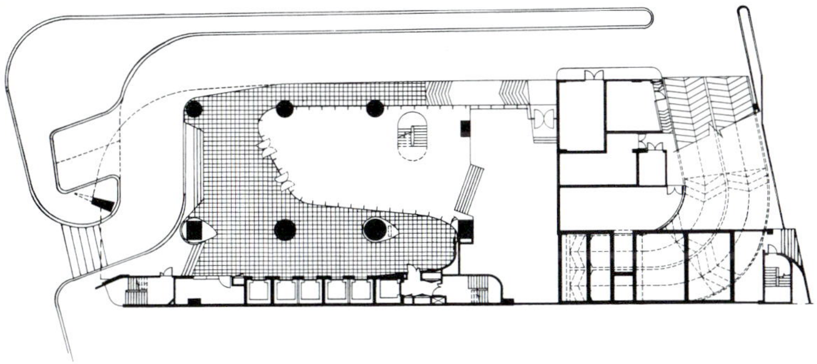

Ansicht Front

Front view

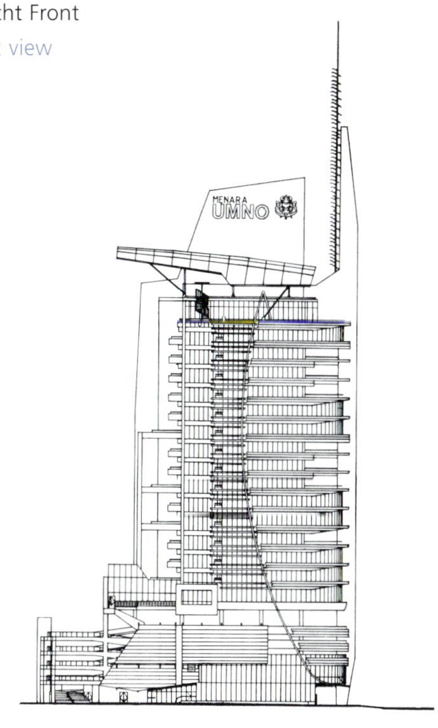

Glasarchitektur und ihre Realisation

Glass Architecture and its Realization

Seele GmbH & Co. KG, Gersthofen

Gerhard Seele

Siegfried Goßner

Thomas Geißler

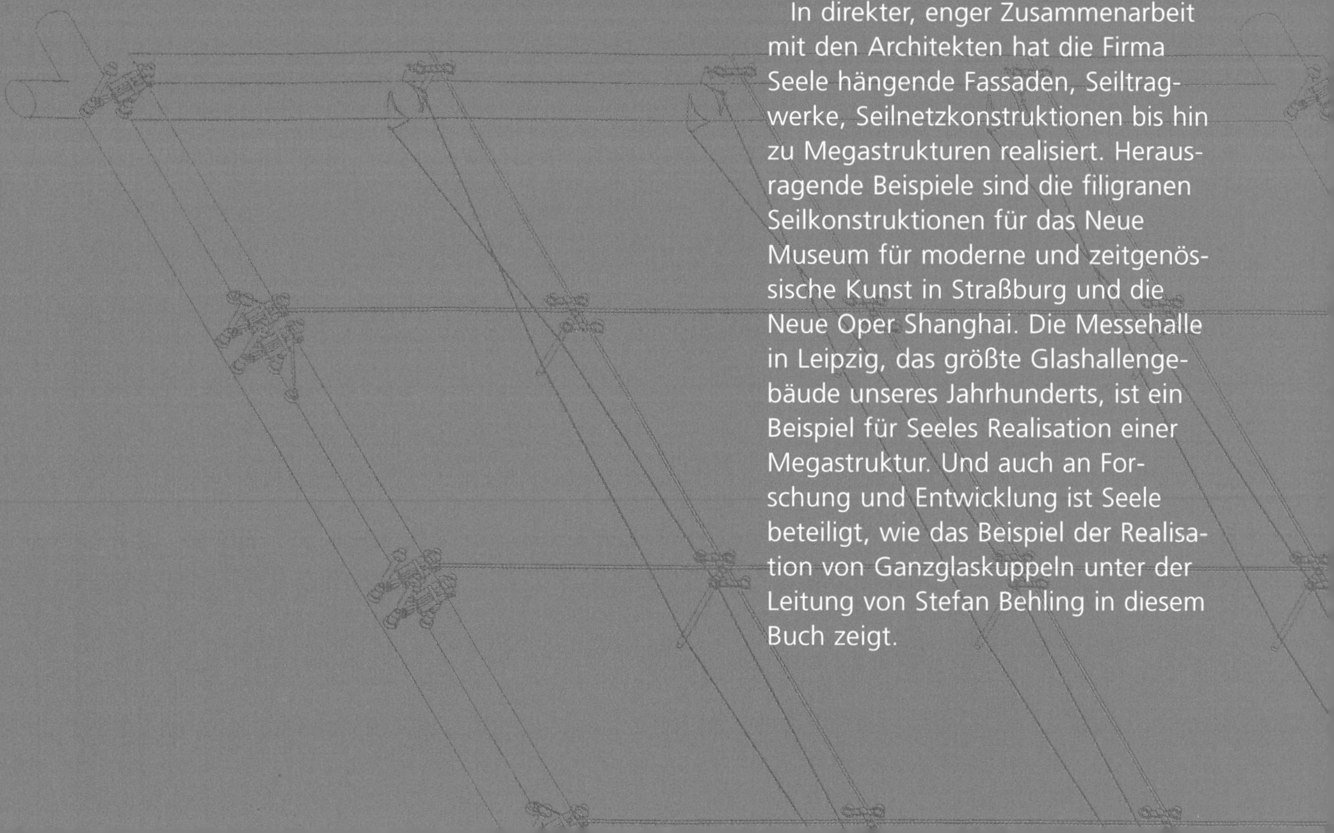

Die in diesem Buch veröffentlichten Realisationen und Projekte zeugen von dem Erfindungsgeist und der ökologischen Verantwortung der Glasarchitekten in der ganzen Welt. Aber dieser Erfindungsgeist muß mit Produzenten und Herstellern zusammentreffen, die in der Lage sind, die hochqualifizierten Entwürfe zu realisieren. Dabei geht es vor allem um die Realisation von Stahl-Glas-Konstruktionen und die Herstellung von Stahl-Glas-Fassaden. Einer der wichtigsten Hersteller und Realisatoren in Europa und darüber hinaus ist die Seele GmbH & Co.KG unter der Leitung von Gerhard Seele, Siegfried Goßner und Thomas Geißler. Seele wurde daher ebenfalls interviewt.

In direkter, enger Zusammenarbeit mit den Architekten hat die Firma Seele hängende Fassaden, Seiltragwerke, Seilnetzkonstruktionen bis hin zu Megastrukturen realisiert. Herausragende Beispiele sind die filigranen Seilkonstruktionen für das Neue Museum für moderne und zeitgenössische Kunst in Straßburg und die Neue Oper Shanghai. Die Messehalle in Leipzig, das größte Glashallengebäude unseres Jahrhunderts, ist ein Beispiel für Seeles Realisation einer Megastruktur. Und auch an Forschung und Entwicklung ist Seele beteiligt, wie das Beispiel der Realisation von Ganzglaskuppeln unter der Leitung von Stefan Behling in diesem Buch zeigt.

The realizations and projects published in this book give testimony to the inventive spirit and the ecological responsability of glass architects all over the world. But this spirit of invention must meet producers and manufacturers capable of realizing these highly qualified designs. In glass architecture this is, in the first place, a matter of steel-glass-construction and the realization of steel-glass-façades. One of the most important producers and constructors in Europe and beyond is the Seele GmbH & Co.KG under the direction of Gerhard Seele, Siegfried Goßner and Thomas Geißler. For this reason Seele was included among the interviewees.

In direct and close cooperation with architects the Seele company has realized suspended façades, steel rope bearing structures, steel-net constructions and megastructures. In the book the Cultural Museum in Strasbourg designed by Fainsilber and the new Shanghai Opera designed by Charpentier are examples of Seele's façade constructions. The Leipzig exhibition hall, the largest glass hall building of this century is an example for Seele's realization of a megastructure. Seele participates in research too, as the realization of the whole glass cupola under the direction of Stefan Behling shows in this book.

Offenheit und Weite:
Interesse an räumlicher Transparenz

Openness and Expanse:
Interest in Spatial Transparency

Kiyonori Kikutake, Tokio

· Media Dome, Kitakyushu, Japan
· Shimane Kunstmuseum, Matsue, Japan

· Media Dome, Kitakyushu, Japan
· Shimane Art Museum, Matsue, Japan

Kiyonori Kikutake, geboren 1928, Architekt, ehemaliger Präsident des Japan Institute of Macro-Engineering und der Tokio Society of Architects & Engineers, Gastprofessor an den Universitäten Aachen, Wien und Hawaii.

Zu seinen wichtigsten Bauten gehören der Media Dome in Kitakyushu, das Lakeside Art Museum in Shimane, die Hauptverwaltung der Kodansa Publishing, die Stadthalle Fukoka und das Hotel Seiyo in Tokio.

Auszeichnungen: Building Constructors Society Prize (1990), Minister of Education's Award of Arts (1964).

Kiyonori Kikutake, born in 1928, Architect, and former President of the Japan Institute of Macro-Engineering and the Tokyo Society of Architects & Engineers, guest professor at the Universities of Aachen, Vienna and Hawaii.

His most important buildings include the Media Dome in Kitakyushu, the Lakeside Art Museum in Shimane, the main administration building of Kodansa Publishing Company, the municipal hall Fukoka, the Hotel Seiyo in Tokyo.

Awards: Building Constructors Society Prize (1990), Minister of Education's Award of Arts (1964).

In der Tradition der japanischen Holzarchitektur wird auf die offene und flexible Nutzung des Raumes besonderer Wert gelegt. Um diese Eigenschaften in der modernen Architektur fortzusetzen benutze ich eine große Menge an Glas.

In the traditional of Japanese wooden architecture emphasis has been placed on the open and flexible use of space. In order to continue this feature in modern architecture I used considerable amounts of glass.

Media Dome, Kitakyushu

Media Dome, Kitakyushu

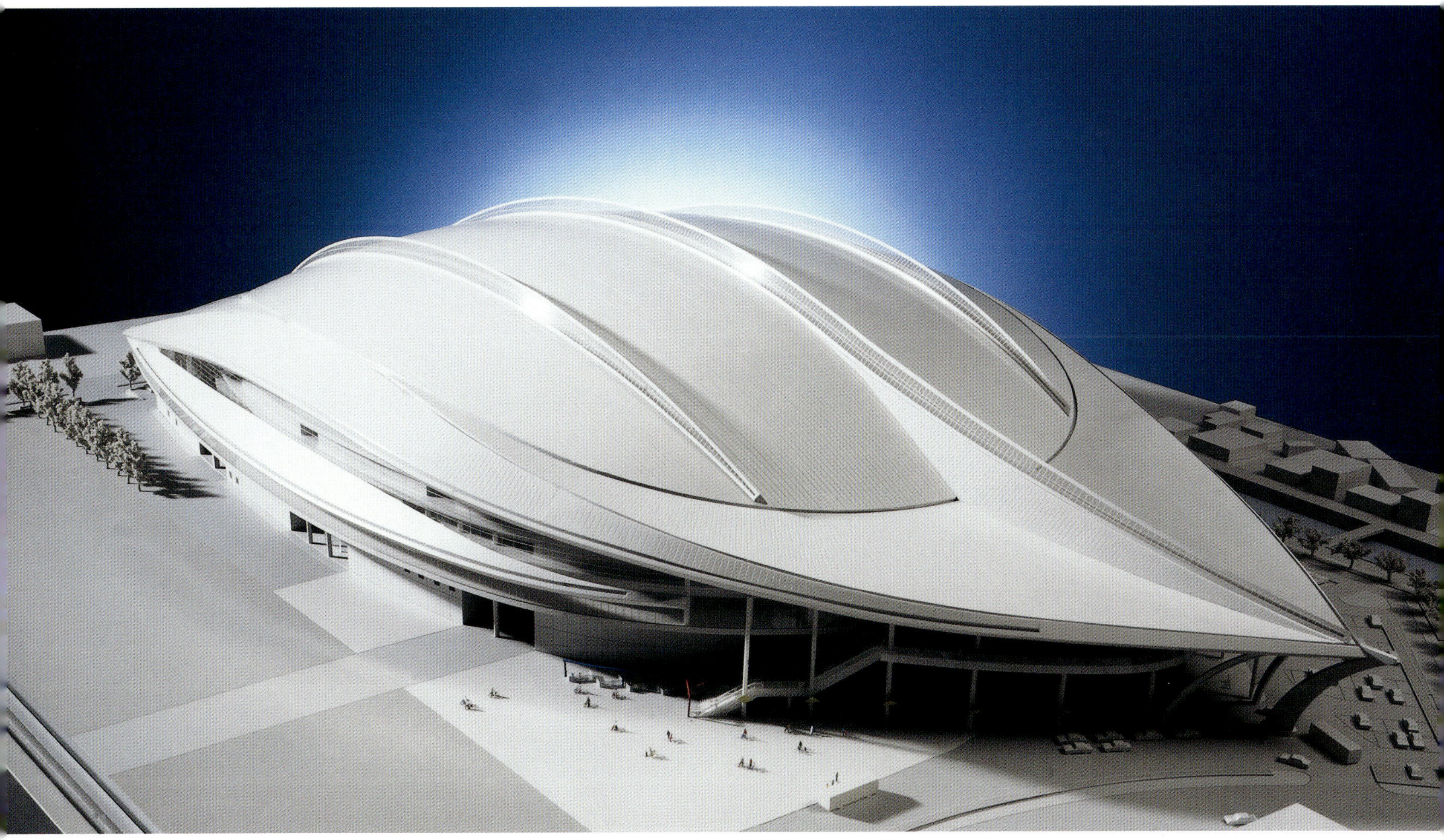

Der Media Dome ist ein Symbol für die Stadt Kitakyushu, die bemüht ist, sich von einer Industriestadt in eine energiesparende Stadt zu verwandeln. Der Bau ist momentan der größte Mehrzweck-Dom in Japan.

Die Konstruktion besteht aus Stahlträgern (Rahmen aus Standardverbindungen und Standardstäben), die ursprünglich dafür entwickelt wurden, einen einfachen Auf- und Abbau zu gewährleisten und wiederverwertbar zu sein.

Das Oberlicht im Dach und der Glasvorhang von 600 m machen natürliches Licht und natürliche Belüftung möglich.

Das Gebäude dient verschiedenen Veranstaltungen, Ausstellungen, Fahrrad-Rennen. Zu dem Dom gehört eine moderne Multimedia-Unterhaltungs-Einrichtung (interaktives dreidimensionales Computergraphik-Theater und Virtual-Reality-Attraktionen).

The Media Dome is a symbol for the city of Kitakyushu which is endeavoring to transform itself from an industrial city to an energy cycling city. It is a multi-purpose dome – the largest in Japan at the present time.

The structure is a steel compression dome (frames made of unified joints and unified members), which was originally developed to promote easy assembling and disassembling, taking recycling into account.

The roof top light and the curtain wall of 600 m glass allow natural light and ventilation.

The building's main use is for various events, exhibitions and bicycle races. Attached is an advanced multimedia entertainment facility (interactive 3-dimensional computer graphics theatre, virtual reality attraction, amongst others).

Schnitt
Section

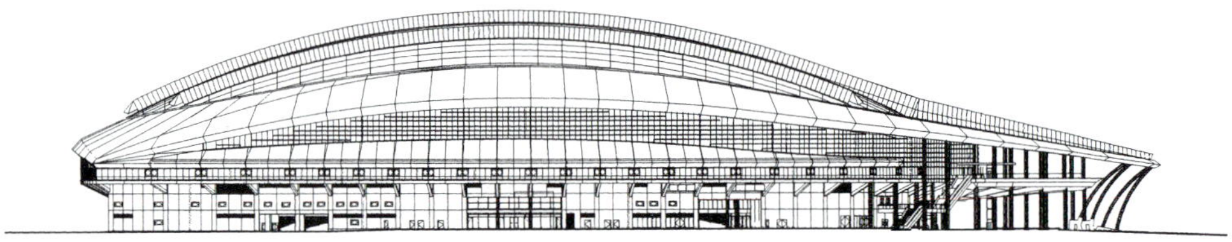

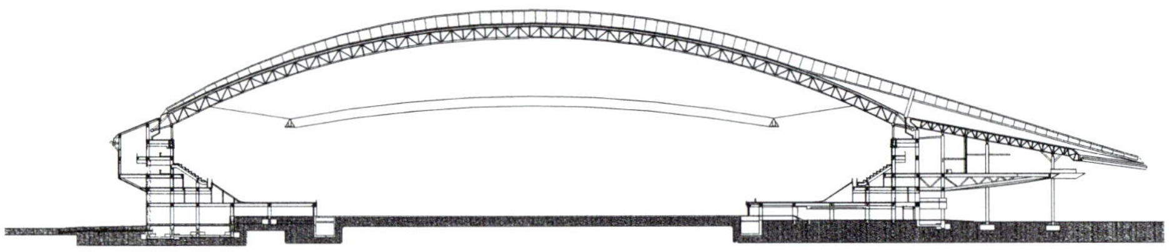

Bauherr Client
City of Kitakyushu
Architekt Architect
Kiyonori Kikutake
Tragwerksplanung
Structure designer for architecture
Gango Matsui + O.R.S. - Office
Glaskonstruktion
Structural designer for glass
Ashai Glass Company, Nippon Sheet Glass,
Guardian Japan Ltd.
Grundstücksfläche Plot size
96.084 m²
Gebäudefläche Base
35.740 m²
Gesamtfläche Total floor area
91.686 m²
Bauzeit Building time
Juni 1996 – Dezember 1998
June 1996 – December 1998

Grundriss: 1. Stockwerk
Plan: 1st floor

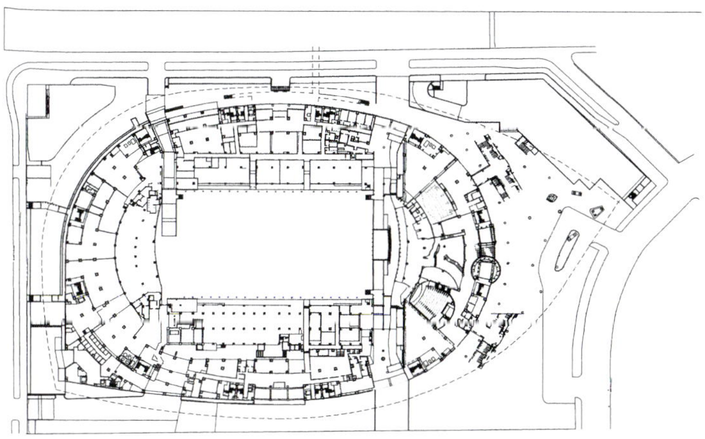

Shimane Kunstmuseum, Matsue

Shimane Art Museum, Matsue

Das Museum liegt in malerischer Landschaft an dem großen, sehr schönen Shinji See. Von dort aus blickt man über den See auf die Skyline der Stadt Matsue und auf das Schloß Matsue. Die Gegend ist bekannt für ständig wechselnde Wolkenbewegungen, wunderschöne Sonnenuntergänge und erinnert mit dieser Szenerie an Nordeuropa. Meist weht starker Westwind, es regnet viel und der Winter kann sehr hart sein.

Das Glas, welches bei diesem Museum verwendet wurde, schützt das Gebäude vor seiner rauhen Umgebung. Nur Glas verschafft die Möglichkeit, den Raum innen und die Natur außen so miteinander zu verbinden, daß Menschen sich wohl fühlen und ausruhen können.

This lakeside museum is situated alongside the beautiful Shinji Lake. From here, one has a picturesque view of the skyline of Matsue city and the Matsue Castle. The area is characterized by the ever-changing movements of the clouds and the spectacular sunset. The scenery is reminiscent of the northern European area and like northern Europe it has a strong westerly wind, a substantial amount of rain and winters that can be quite severe.

The glass used for this Museum protects the building from this harsh environment. By using this glass the interior is connected with the exterior natural world so that visitors can feel relaxed and well.

Schnitt / Seitenansicht
Section / Side View

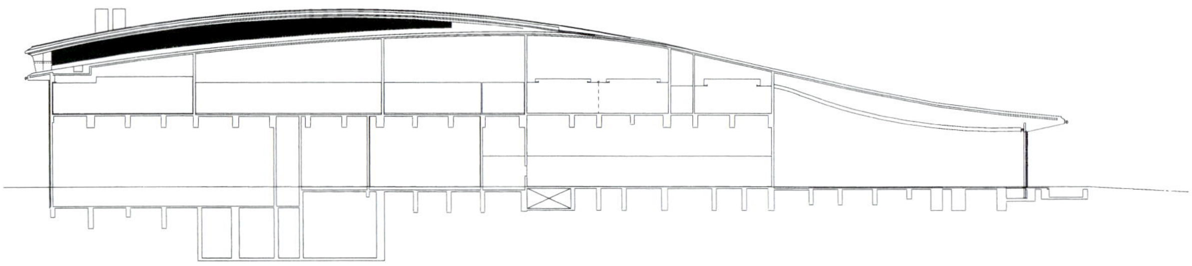

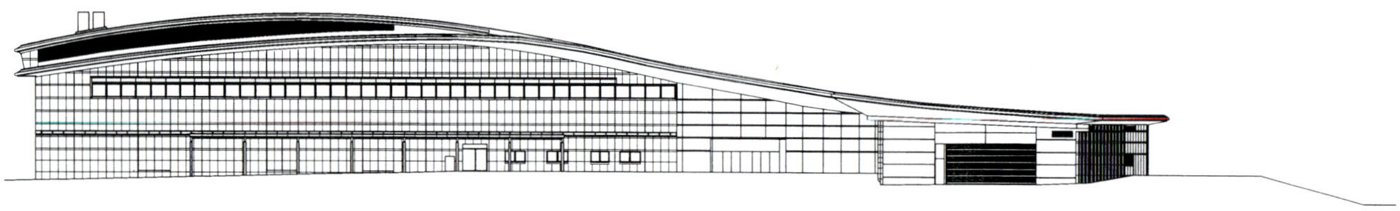

Bauherr Client
Shimane Prefecture
Architekt Architect
Kiyonori Kikutake
Tragwerksplanung
Structural designer for architecture
T. Tanaka Architect & Associates
Glaskonstruktion
Structural Designer for glass
Ashai Glass Company
Grundstücksfläche Plot size
21.925 m²
Gebäudefläche Base
9.312 m²
Bauzeit Building time
Oktober 1996 – Juni 1998
October 1996 – June 1998

Grundriß: 2. Stockwerk
Plan: 2nd floor

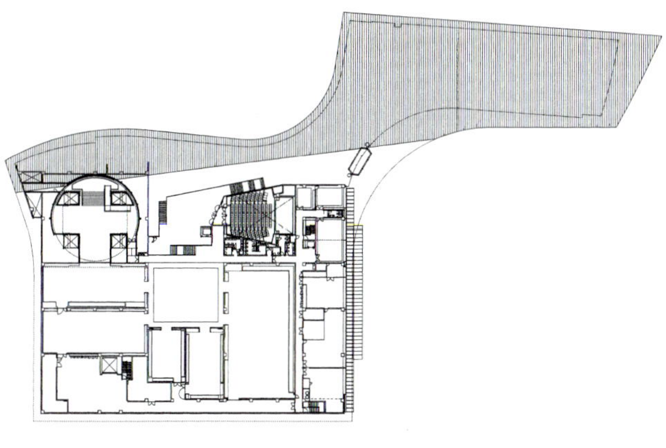

Grundriß: 1. Stockwerk
Plan: 1st floor

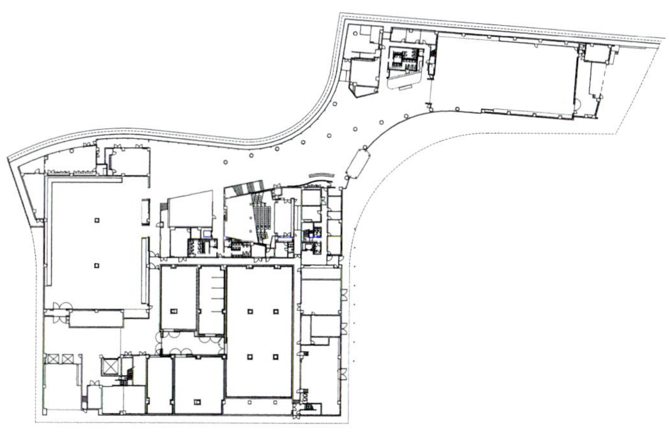

Kengo Kuma, Tokio

· Wasser/Glas-Gebäude, Atami City, Japan

· Water/Glass Building, Atami City, Japan

Kengo Kuma, geboren 1954, Studium der Architektur in Tokio, 1987 Gründung des Spatial Design Studio, 1990 Gründung von Kengo Kuma & Associates in Tokio.

Zu seinen wichtigsten Bauten gehören der Japanische Pavillon für die Biennale in Venedig, der Tomioka Lakewood Golf Club in Gunma, das Kiro-san Observatorium in Ehime, die Hauptverwaltung von Mazda in Tokio (M2).

Zahlreiche Auszeichnungen, u.a.: Good Design Architecture (1994), 1995 Grand Prize, JCD Design Award.

Kengo Kuma, born in 1954, studied Architecture in Tokyo, 1987 he founded the Spatial Design Studio, 1990 foundation of Kengo Kuma & Associates in Tokyo.

His most important buildings include the Japanese Pavilion for the Biennale in Venice, the Tomioka Lakewood Golf Club in Gunma, the Kirosan Observatory in Ehime, the main administration building for Mazda in Tokyo (M2).

Numerous awards include: Good Design Architecture (1994), 1995 Grand Prize, JCD Design Award.

Wasser/Glas-Gebäude, Atami City

Water/Glass Building, Atami City

In diesem Projekt habe ich einen Glasboden, eine Glasbrücke und eine Glastreppe entworfen, die in laminiertem Glas realisiert wurden. Laminiertes Glas ist wichtig für begehbare Glasflächen.

Ich habe versucht, eine Integration zwischen Außen und Innen mit Wasser und Glas zu schaffen. Der traditionelle japanische Raum („Engawa") soll zwischen Innen und Außen vermitteln. In diesem Projekt habe ich Wasser als Außenraum verwendet.

In this project I designed a glass floor, a glass bridge and glass stairs which were realized using laminated glasses. Laminated glass is a valuable solution for walkable glass surfaces.

I tried to create an integration between the exterior and interior with water and glass. Japanese traditional space ("Engawa") is supposed to mediate between the exterior and interior. In this project I used a pool of water as an exterior space.

Lageplan

Location plan

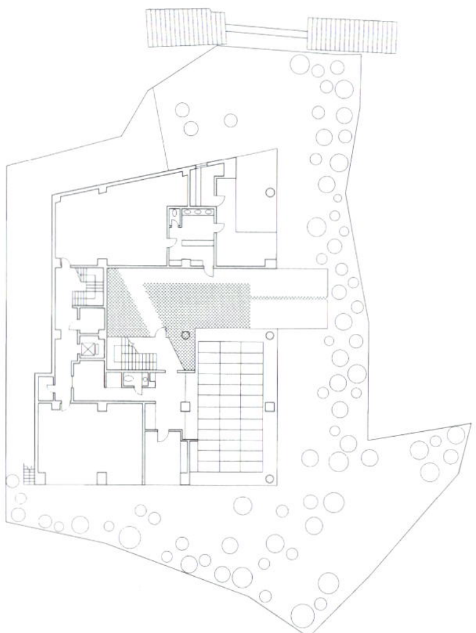

Grundriß

Plan

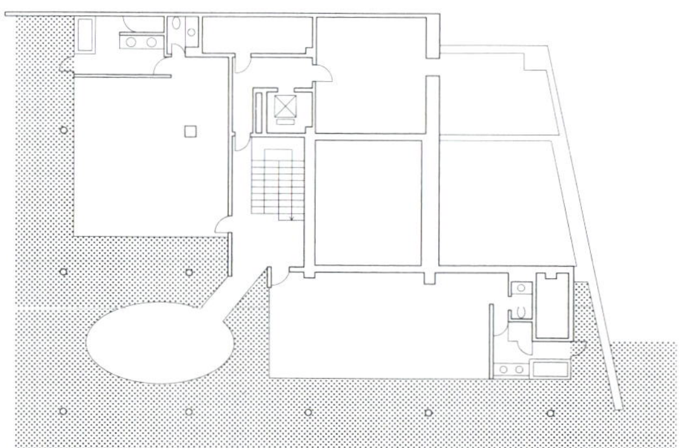

Bauherr Client
Bandai Corporation
Architekt Architect
Kengo Kuma
Konstruktion Construction
Katsuo Nakata & Associates
Grundstücksfläche Plot size
1.281 m²
Gebäudefläche Base
569 m²
Gesamtgebäudefläche Total floor area
1.125 m²
Entwurfszeit Design Date
Juli 1992 – März 1994
July 1992 – March 1994
Bauzeit Building time
März 1994 – März 1995
March 1994 – March 1995

Schnitt
Section

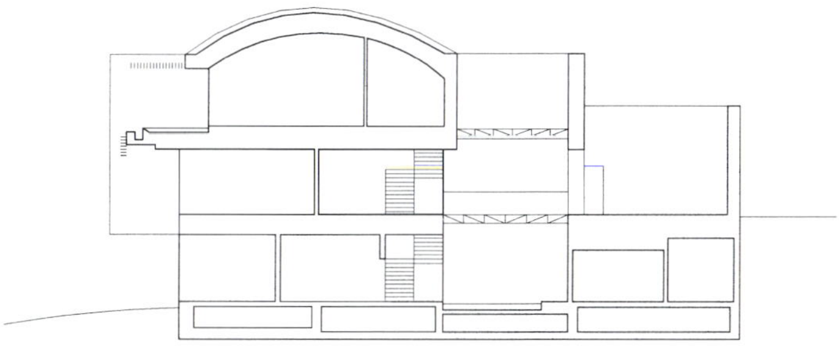

Bing Wing Thom, Vancouver

· Chan Zentrum für die darstellenden Künste, Vancouver, Kanada
· Wohnhaus für eine chinesisch-kanadische Familie, Vancouver, Kanada
· Pointe-Turm, Vancouver, Kanada

· Chan Center for the Performing Arts, Vancouver, Canada
· Private Residence for a Chinese-Canadian Family, Vancouver, Canada
· The Pointe, Vancouver, Canada

Bing Wing Thom, geboren 1940, Studium der Architektur an der Universität Berkeley, Dozent und Gastdozent an zahlreichen Universitäten in den USA, in China und Belgien. Seit 1980 ist er Geschäftsführer von Bing Thom Architects Inc. (Partner: Michael Heeney und Luciano Zago)

Zu seinen wichtigsten Bauten gehören: der kanadische Pavillion auf der Expo '92 in Sevilla, Spanien und der „City of Dalian Masterplan".

Thom ist Mitglied des Architekturinstituts von British Columbia, des Königlichen Architekturinstituts von Kanada und er erhielt den „Order of Canada" – die höchste Architektur-Auszeichnung.

Bing Wing Thom, born in 1940, studied Architecture at the University of Berkeley, lecturer and guest lecturer at numerous universities in the USA, China and Belgium. Since 1980 he has been the principal of Bing Thom Architects Inc. (Managing Directors – Michael Heeney and Luciano Zago).

His most important projects include the Canada Pavilion, Expo '92 Seville, Spain and the City of Dalian Masterplan.

Mr. Thom is member of the Architectural Institute of British Columbia, Fellow of the Royal Architectural Institute of Canada, and recipient of the Order of Canada – the highest honour for contribution to architecture.

Chan Zentrum für die darstellenden Künste, Vancouver

Chan Center for the Performing Arts, Vancouver

Das Chan Zentrum wurde als ein mitten im Wald gelegenes Zentrum für die darstellenden Künste ins Auge gefaßt. Das Gebäude ist in ein bestehendes Wäldchen mit immergrünen Bäumen integriert. Dieses Projekt wird für Lehrzwecke, für festliche Aufführungen und als Treffpunkt für die ganze Gemeinde genutzt. Der Gebäudekomplex des „Kunstbereiches" der Universität von Britisch Columbien (der Chan Center), wurde als eine Gruppierung von drei verknüpften Einrichtungen entworfen: Die Chan Shun Konzerthalle mit 1.400 Sitzplätzen, das British Columbia Tel-Studiotheater mit 250 und das Royal-Bank-Kino mit 160 Sitzplätzen.

Jedem dieser Treffpunkte wurde eine eigene Identität verliehen, die seine bestimmte Funktion ausdrückt und dem Besucher die Orientierung in diesem Gebäudekomplex erleichtert. Zum Beispiel hat der Konzertsaal eine ovale Form und ist mit diagonal gemustertem Titaniumzink bekleidet, der einen Eindruck von Sanftheit und Flüssigkeit auf der Oberfläche verbreitet.

Eine verglaste, zweistöckige runde Eingangshalle verbindet alle Einrichtungen. Sie zieht den umliegenden Wald ins Gebäude und verstärkt im Besucher den Sinn fürs Entdecken. Das Glas zwischen Eingangshalle und Wald ist nach außen gebogen, um abends Spiegelungen von innen zu verringern und eine vollständig transparente Aussicht auf den angestrahlten Wald zu gewähren.

The Chan Center was envisioned as a performance center in a forest setting. The building is integrated into an evergreen grove, acting as a teaching facility, a ceremonial complex and as a venue for the broader community. This project is the culmination of the "Arts Precinct" development at the University of British Columbia (the Chan Center), is designed as a group of three linked facilities including the 1,400 seat Chan Shun Concert Hall, the 250 seat BC Tel Studio Theatre and the 160 seat Royal Bank Cinema.

Each venue is given its own identity to express its unique function and to help visitors orient themselves within the complex. For example, the concert hall is elliptical in shape and clad in diagonally patterned titanium zinc which creates an impression of softness and fluidity over its surface.

A glazed two-storey curvilinear lobby links all the facilities – visually draw-ing the surrounding forest in, and heightening the sense of discovery for the visitor. The glass between lobby and forest is sloped outward in order to minimize reflections on the interior during the evening, thus permitting a fully transparent view of the lit forest beyond.

Ansicht
View

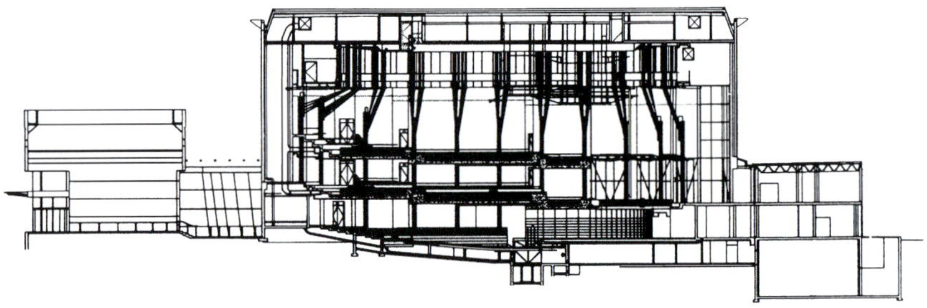

Schnitt
Section

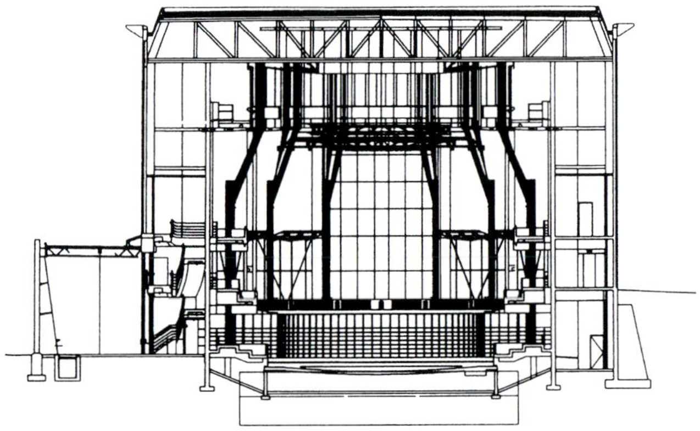

195

Lageplan

Location plan

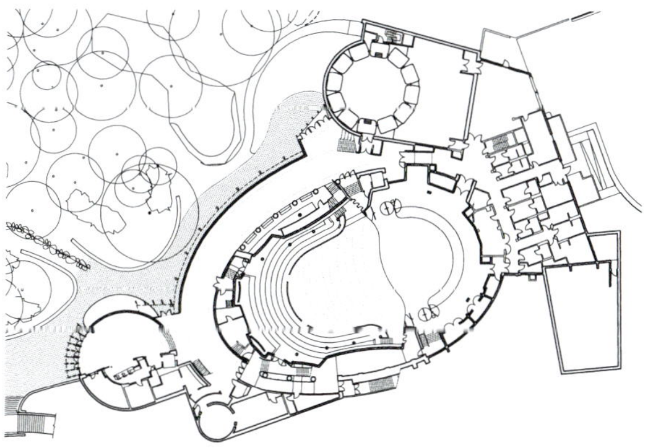

Bauträger Contractor

Ellis Don Construction

Bauherr Client

University of British Columbia

Architekt Architect

Bing Thom Architects

Gebäudefläche Base

5.295 m²

Bauzeit Building time

1995 - 1997

Wohnhaus für eine chinesisch-kanadische Familie, Vancouver

Private Residence for a Chinese-Canadian Family, Vancouver

Das Familienwohnhaus, seine Inneneinrichtung und sein Garten wurden für einen chinesisch-kanadischen Bauherrn entworfen. Daher ist es von Chinas Hofhaustradition inspiriert. Es liegt in einem Wohngebiet und integriert Gebäude und Landschaft, um eine heitere und intime Welt inmitten eines dichtbesiedelten Gemeindekontextes zu schaffen.

Der Tradition der Gartenarchitektur zufolge war der Außenraum das erste Element, von dem aus die Grenzen des Hauses bestimmt wurden. Das Haus selbst wurde als ein Glaspavillon entworfen, der von einem unauffälligen Betonrahmen getragen wird. Freistehende polierte Betonsäulen definieren die Innenräume und ermöglichen die Reduktion der Außenwände auf raumhohe Glaspaneele. So kann natürliches Licht in alle Räume dringen und die häufig trüben Witterungsbedingungen an der Westküste Kanadas kompensieren.

Verschiebbare Holzschirme an den Außenwänden sorgen für den Schutz des Privatlebens und dienen außerdem als Sonnenschutzeinrichtungen, die Blendung und Überhitzung reduzieren. Jeder Raum hat seinen eigenen Ausblick auf den Garten und beweist so das Wunder des Hofhauskonzeptes. Sandgestrahlte Glasblenden schützen wirksam die Fensterflächen vor der Sommersonne und sind dennoch transparent genug, im Winter Licht nach innen zu lassen. Der nach Süden liegende Wasserspiegel eines Teiches dient als Hitzesenke zur Milderung jahreszeitlich bedingter extremer Temperaturen.

Schnitt
Section

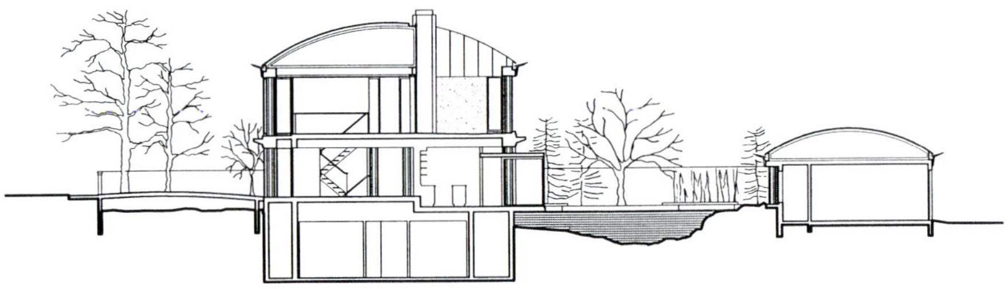

The private residence, its interiors and garden were designed for a Chinese-Canadian client, and was inspired by the courtyard house tradition of China. Located in the middle of a residential block, it integrates building and landscape to create a serene, intimate world within a dense community context.

Following the tradition of garden architecture, the exterior space was the primary conceptual element from which the boundary of the house was laid out. The house is designed as a glass pavilion supported by a discrete concrete frame. Free-standing polished concrete columns define the interior spaces and enable the exterior walls to be reduced to panes of full height glazing. This allows natural light to enter every room to offset the frequent overcast conditions found on Canada's west coast.

Sliding timber screens on the exterior allow for a high degree of privacy and act as effective solar control devices, reducing glare and heat gain. Each room has its own focused view of the garden, revealing the mystery offered by the courtyard concept. Sandblasted glass blinds effectively shade the glazing from the summer sun and yet are transparent enough to allow winter light through to the interior. The south-facing reflecting pool acts as a heat sink to moderate seasonal temperature extremes.

Grundriß
Plan

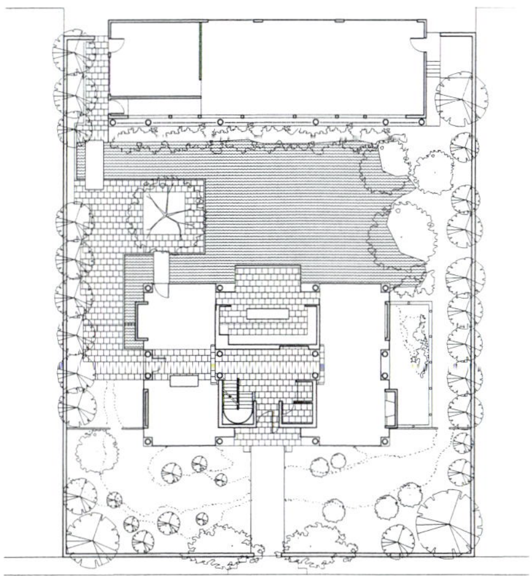

Bauträger Contractor
Interior Craft
Architekt Architect
Bing Thom Architects
Grundstücksfläche Plot size
1.000 m²
Gebäudefläche Base
340 m²
Bauzeit Building time
1993

Pointe-Turm, Vancouver

The Pointe, Vancouver

„The Pointe" liegt im Stadtzentrum von Vancouver. Es ist ein auffallender 29-stöckiger Wohnhausturm mit 208 Wohnungen. Ein Westküstengarten umgibt das Gebäude mit zutageliegenden Felsbrocken, einem spiegelnden Teich, immergrünen Pflanzen und Kaskaden von Wasserfällen, die einen ruhigen Ort schaffen und das Gebäude fest in die Landschaft einbinden. Das Gebäude ist um 22 Grad vom Straßennetz weggedreht, um die Wohnungen entlang von Aussichtskorridoren auszurichten. Es ist in Blenden aus Aluminium eingepackt, die als Sonnenschutz dienen und die Ansicht nach dem Straßennetz ausrichten.

Die Wohnungen mit etwa 150 bis 200 m^2 wurden mit offenem Grundriß entworfen und mit vom Boden bis zur Decke reichender Verglasung ausgestattet, um das Gefühl für Raum zu steigern und einen Sinn für die Unmittelbarkeit der Sicht auf Vancouvers wichtigste Orientierungspunkte zu schaffen – auf den Stanley Park, die English Bay und die Berge der Nordküste. Es wurde ein Fenster-Wandsystem benutzt, das die Außenverkleidung auf einen einzigen Hersteller, Lieferanten und Handwerksbetrieb reduzierte, um dadurch den Bauprozeß zu beschleunigen und die Qualitätskontrolle zu verbessern. Da das System von der Innenseite des Gebäudes aus installiert werden konnte wurden Kranlaufzeiten und damit Kosten reduziert.

Located in downtown Vancouver the Pointe is a striking 29-story residential tower containing 208 suites. A west coast garden surrounds the building with rocky outcrops, a reflecting pool, evergreens and cascading waterfalls creating a place of tranquility and firmly anchoring the building into the landscape. The building is rotated off the street grid by 22 degrees to align the suites along view corridors, and is wrapped with aluminum brise soleil fins that act as solar controls and visually realign the elevations to the street grid.

The suites, ranging from 500 to 650 square feet, are designed with open plans and floor to ceiling glazing to maximize the sense of space and to give a sense of immediacy to the views of Vancouver's most notable landmarks – Stanley Park, English Bay and the North Shore mountains. A window wall system was employed to reduce the exterior cladding to a single manufacturer, supplier and trade, thus accelerating construction and improving quality control. The system's ability to be installed from the inside of the building minimized the need for crane time, thereby reducing costs.

Lageplan

Location plan

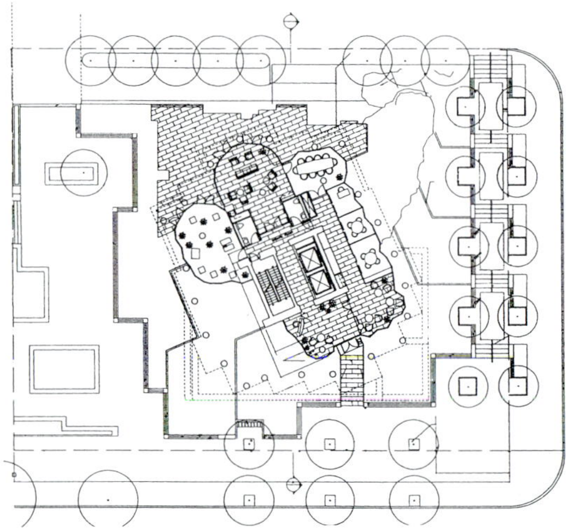

Ansicht

View

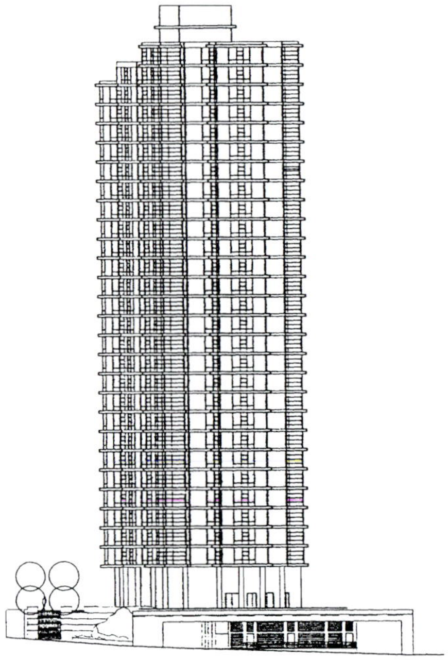

Bauherr Client
Grand Adex Developments
Architekt Architect
Bing Thom Architects
Grundstücksfläche Plot size
4.850 m²
Gebäudefläche Base
360 m²
Bauzeit Building time
1996 - 1997

Grundriß
Plan

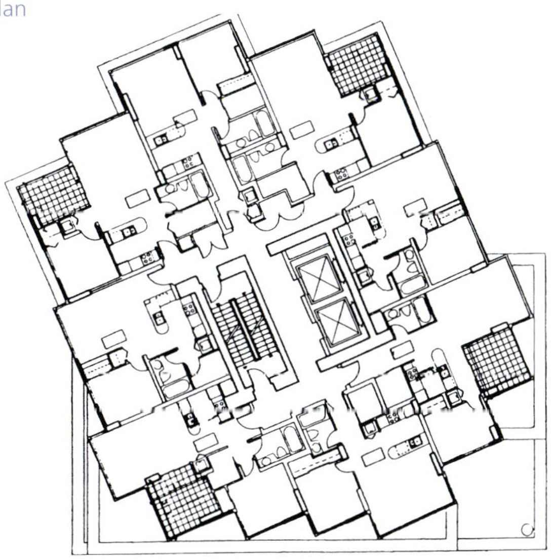

Shigenobu Hanzawa, Tokio

· Glaskasten für die Ausstellung des „Gold Pavillon“, Chusonji Tempel, Hiraizumi, Japan

· Glass case for the "Gold Pavilion", Chusonji Temple, Hiraizumi, Japan

Shigenobu Hanzawa, geboren 1930, Studium der Architektur in Tokio, 1957-1991 tätig am Ministerium für Kunst und Kultur, seit 1993 Gastprofessur am Technischen Institut Tokio.

Hanzawa realisierte über 1.400 Projekte in mehr als 30 Ländern, insbesondere Museums- und Kultureinrichtungen, darunter das Tokio Metropolitan Teien Art Museum und das National Asuka Historical Museum.

Shigenobu Hanzawa, born 1930, studied Architecture in Tokyo, 1957-1991 worked at the Ministry for Art and Culture, since 1993 he is guest professor at the Technical Institute in Tokyo.

Hanzawa has realized over 1,400 projects in more than 30 countries, in particular museums and cultural buildings. These include the Tokyo Metropolitan Teien Art Museum and the National Asuka Historical Museum.

Glaskasten für die Ausstellung des „Gold Pavillon“, Chusonji Tempel, Hiraizumi

Glass case for the "Gold Pavilion", Chusonji Temple, Hiraizumi

Seit rund 30 Jahren habe ich ein besonderes Interesse an Glas als Material für meine Architekturen. Ich finde, daß Glas sogar eine wichtige Rolle für die kulturelle Entwicklung der Menschheit einnimmt.

Durch meine Arbeit mußte ich jedoch feststellen, daß die meisten der kommerziell erhältlichen „transparenten und farblosen“ Gläser – außer sehr speziellen Sorten wie dem teuren Quarzglas – nicht farblos sind, sondern nur so aussehen. Das heißt, daß z.B. Exponate hinter Glas dadurch farblich anders aussehen können als sie ursprünglich waren oder sind. Auf diese Weise kann der Betrachter irregeführt werden. Verfälschte Wahrnehmung von historischen Objekten wiederum, kann zu einem falschen Verständnis dieser Kulturgegenstände führen. So gesehen, kommt Glas eine große Verantwortung zu. Mit viel Mühe und Anstrengung entwickelten wir aus diesem Grund das buchstäblich „transparente und farblose Glas“– das „Museumsglas“.

Ein gutes Beispiel für den Einsatz dieses Glases ist der Gold Pavillon im Chusonji Tempel, einem über 850 Jahre alten Nationaldenkmal.

It has been more than thirty years since I first aquired a very special interest in glass as one of the architectural materials. I have found that glass can play an important role in cultural development for human beings.

Precisley speaking, however, most of the commercially available "transparent and colorless" glass, except of a very special type which is expensive like quartz glass, is not colorless but only gives an impression that it is so. This means that the exhibits in the glass case may look different in color from what they really are to those who see them for the first time. Thus, people may be misguided and take the color affected by the glass as the true color of the exhibits. Incorrect recognition of the historical assets handed down from the past can even cause an unfavorable influence to a proper understanding of the culture. In this sense, the glass has a great responsibility. After strenous efforts, we were succesful in creating the literally "transparent and colorless" glass – the "Museum Glass".

A good example for using this glass is the Gold Pavilion of Chusonij Temple, a National Treasure of over 850 years.

Leider waren die Ausstellungsbedingungen für den „Gold Pavillon" nicht immer ideal: In den letzten 30 Jahren hatten die schlechte Lüftung und die Aluminiumrahmen sowie die Färbung der alten Glaswand dazu geführt, daß der goldene Tempel bläulich aussah und wie in einem kleinen Käfig wirkte. Als ich mit der Lösung dieses Problems beauftragt wurde, begann ich, das Ausstellungsdesign neu zu gestalten.

Da die Glaswand erdbebensicher gebaut sein mußte, entschied ich, sogenanntes „Museumsglas" zu benutzen, das absolut klar und farblos ist, 12 mm stark, nach oben hin nur leicht an der Decke befestigt ist, und bis zum Boden ebenfalls einen Bewegungsspielraum hat. Eingesetzt wurde das Glas in einen rostfreien Stahlrahmen, der von den Besuchern nicht gesehen werden kann. Die Position der Glaswände wurde geändert, um eine großzügigere Raumwirkung im Gebäude zu erzielen.

Es geht mir darum, bessere Möglichkeiten für die Konservierung und Ausstellung von kulturellen Schätzen zu entwickeln. Je wertvoller solche Schätze sind, um so wichtiger ist es, daß die Menschen sie besichtigen und richtig verstehen können – ihre Farbe, ihre Form und ihr Material. Glaskästen sind ein gutes Mittel, dieses Verständnis zu ermöglichen.

Grundriß
Plan

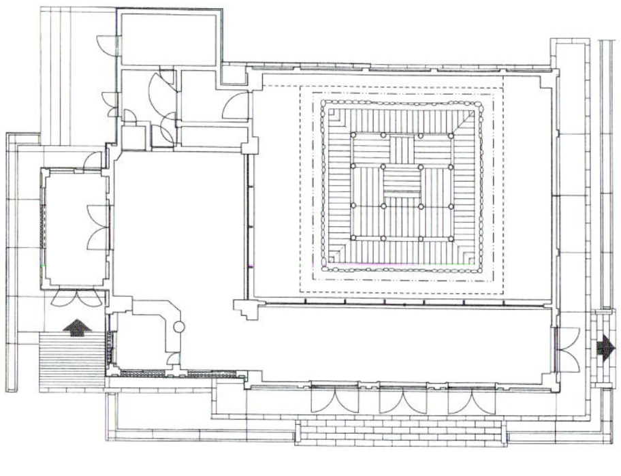

Schnitt
Section

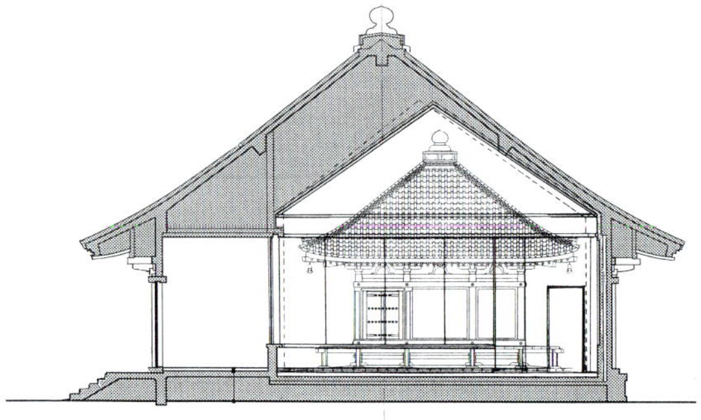

Unfortunately, the environment for the Gold Pavilion was not always perfect. In the past thirty years, poor air-conditioning and tight use of aluminium frames for the former glass wall affected it in such an adverse way that it looked bluish gold and as if locked in a glass cage. After being consulted on the solution of this situation, I started to design a remodeling for the Gold Pavilion.

As for the glass wall, the focus was on the measures to provide protection against earthquakes. I decided, to use the Museum Glass which is literally clear and colorless with 12mm thickness, used a simple method to parry earthquakes by fixing it lightly at the top and by allowing it to move to a certain extent at the bottom. The glass is fit in a stainless steel frame which cannot be seen by visitors. The position of the glass walls were changed to obtain a larger space in the covering building.

My goal is to develop improved methods of conservation and exhibit of cultural treasures of the past and the future. The more valuable such treasures are, the more closely people need to look at them to understand the treasures themselves properly, their colors, their forms, their materials. Using glass cases is a good way of fostering such as understanding.

Museumsglas museum glass	Farbe bei Tageslicht color in natural light	Standardglas normal glass

Schnitt
Section

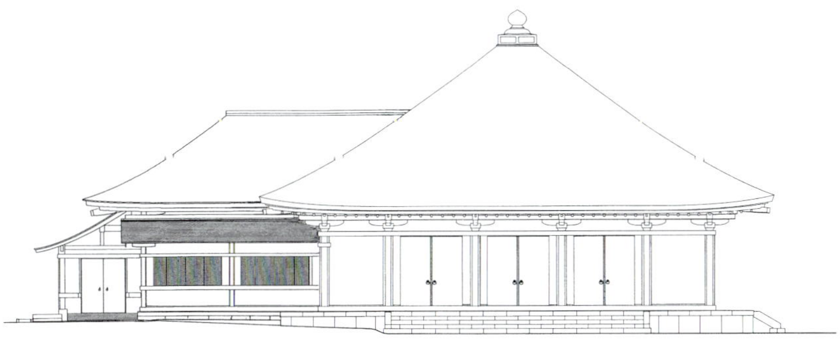

Bauherr Client
Tempel Chusonji
Architekt Architect
Shigenobu Hanzawa
Glaskonstruktion Glass construction
Shigenobu Hanzawa
Grundfläche des Außengebäudes
Plot size of building
395 m²
Grundfläche des Glashauses
Plot Size of Glass House
188 m²
Bauzeit Building time
1994

Zukunft der Glasarchitektur

On the Future of Glass Architecture

 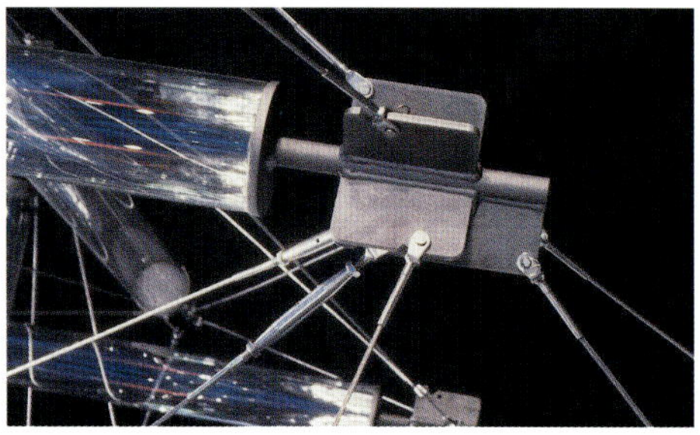

Die Zukunft der Glasarchitektur wird von den meisten unserer Korrespondenten mit der Verbesserung des Baustoffes Glas assoziiert. Glasindustrie und Technologie werden zunächst für ihre Fortschritte hoch gelobt: „Ich muß sagen, die Glastechnologie hat die letzten 15 Jahre viele meiner Erwartungen erfüllt, insbesondere im Hinblick auf den Wärmeverlustkoeffizient (k-Wert)" (Reinberg). Aber dieses Lob ist relativ: „Die Glasindustrie hat in den letzten Jahren einen gewaltigen Schritt nach vorne getan und ich denke, daß noch nicht alle Potentiale, die der Baustoff Glas bietet, ausgeschöpft sind" (Ingenhoven).

Daher hängt die Zukunft der Glasarchitektur von der Verbesserung des Baustoffes Glas ab. Einige sehen eine solche Verbesserung hauptsächlich vom konstruktiven Gesichtspunkt aus. „Die bauphysikalischen Eigenschaften sollten verbessert werden" (Sobek). „Die Zukunft der Glasarchitektur ... liegt darin, den Baustoff Glas intelligent einzusetzen ... und die bauphysikalischen Eigenschaften zu optimieren. Glas ist für mich ein universeller Baustoff, der den unterschiedlichsten Ansprüchen von Architekten, Bauherren und Nutzern gerecht werden kann" (Ingenhoven). „Wir suchen immer mehr nach Lösungen, die strukturellen Eigenschaften von Glas zu verbessern, um Glas in unseren Vorhaben zu verwenden" (Thom). Schwächen des Glases müssen korrigiert werden: „Ich wünsche mir nicht unbedingt eine Entwicklung der statischen Eigenschaften von Glas im Sinne eines ‚immer höher, immer weiter', eher eine Verbesserung seines Versagensverhaltens" (Sobek). Eine Schwäche des Glases ist seine Haltbarkeit (Ritchie, Schempp). Ritchie sagt voraus: „Die nächste Generation von Glas wird wahrscheinlich auf molekularer Ebene ‚gedopt' sein, um den Widerstand gegen Zerbrechlichkeit zu verbessern." Eine solche Verbesserung würde die Tragfähigkeit von Glas erhöhen: „Glas wird in Zukunft verstärkt als tragendes Bauteil Verwendung finden – vielfach unter Einbringung von Verbundwerkstoffen, die Leistungsdefizite kompensieren können. Die Spannweiten von Einzelgläsern werden sich demzufolge vergrößern" (Seele).

Auch eine Verbesserung der Glashalterung wird für die Zukunft benötigt: „Einerseits sollten die Isoliergläser selbst betreffend des Randverbundes verbessert werden und andererseits der gesamte Bereich der Glashalterungen. Hier hinkt, meiner Meinung nach, die technische Entwicklung dem Standard, den die Glastechnik erreicht hat, nach, was in Erwartung der weiteren Entwicklung der Glastechnik selbst noch gravierender erscheint. Dieser Mangel zwingt mich, kompensierende Detaillösungen für die Baustelle zu entwickeln (z.B. Wärmedämm-Verbundsysteme über den gesamten Rahmen bzw. den Glasverbund geführt). Dies widerspricht natürlich meiner Wunschvorstellung des vereinfachten bzw. industriellen Bauens" (Reinberg). „In den Glasfassadensystemen müßten neue Verbindungen von Gläsern entwickelt werden, die eine größere Gestaltungsfreiheit erlauben" (Schempp). Die Tragfähigkeitseigenschaften von Glas sollten in Zukunft derartig sein, „... daß aufwendige Unterkonstruktionen entfallen können oder durch die Glaskonstruktion selbst ersetzt werden" (Theilig).

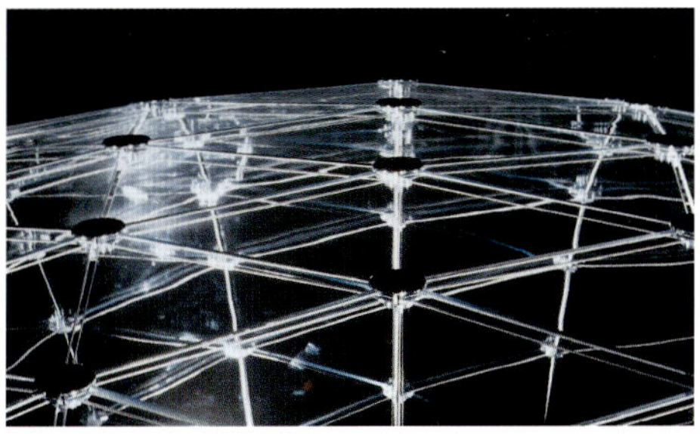

Most of our correspondents associated the future of glass architecture with the improvement of glass as a building material. The glass industry and technology are highly praised for having made progress: "I must admit that glass technology has fulfilled many of my expectations during the last 15 years, especially as far as the heat loss coefficient (k- value) is concerned" (Reinberg). But the praise is relative: "The glass industry has made enormous progress during the last few years, but I think that the whole potential of the building material glass has not yet been tapped" (Ingenhoven).

Therefore, the future of glass architecture depends on the improvement of glass as a building material. Some see these improvements mainly from a construction point of view. "The physical properties relating to construction should be improved" (Sobek). The future "rests in intelligently utilizing the building material glass ... and in optimizing its physical properties relating to construction. For me, glass is a universal building material which can satisfy the extensive requirements of architects, builders and consumers" (Ingenhoven). "We are increasingly looking for ways to improve the structural attributes of glass and finding ways to incorporate it into our projects" (Thom). The shortcomings of the material must be corrected: "I am not necessarily interested in the development of the static properties of glass, but rather in the correction of its shortcomings" (Sobek). One of these shortcomings is its durability (Ritchie, Schempp). Ritchie predicts: "The next generation of glass will probably be 'doped' at the molecular level to improve its crack resistance." This improvement would raise the load-bearing capacity of glass: "In the future, glass will be used increasingly as a load bearing building element - frequently in connection with composite materials capable of compensating the deficits in the efficiency of glass. Accordingly, the span of single glasses will increase" (Seele).

Further improvements needed in the future are better support systems for glass: "...on one hand, insulation glass types themselves should be improved regarding the connection at their edges, on the other, the whole area of glass support. In this respect technological development pales behind the standard that glass technology has reached, a fact which seems aggravating with respect to the expectation of further development of glass technique. This deficiency forces me to develop compensating detail solutions for the building site (e.g. heat insulating composite systems conducted over the entire frame or the glass connection). This contradicts, of course, my wishful ideas of simplification or industrialization of building" (Reinberg). "New techniques of connecting glasses allowing for increased freedom in design should be developed as glass-façade-systems" (Schempp). In the future the self-bearing properties of glass should be such "...that all wasteful fitting constructions may be dropped or replaced by the glass construction itself" (Theilig).

Die Verbesserung der zukünftigen Glasarchitektur liegt aber nicht nur an den strukturellen Eigenschaften des Materials selbst, sondern an zusätzlichen intelligenten Eigenschaften: Daher ist es notwendig, „...zusammen mit Fachingenieuren, Beratern und der Glasindustrie die Einsatzmöglichkeiten des Baustoffes zu erweitern" (Ingenhoven). „Ziel wäre: Glas als selbsttragende Konstruktion auch für Isolierglas" (Theilig). Das Glas der Zukunft sollte eine sich selbst tragende transluzente Dämmung sein.

Diese anscheinend sich widersprechenden Forderungen sind in einer neuen organischen Metapher der Architektur begründet: „Das Gebäude muß als gesamtheitlicher Stoffwechsel betrachtet werden: Sowohl die Haut (Fassade und Dach) als auch die inneren Organe (Heizung, Lüftung, Sanitär, Betondecken als Speichermasse usw.) ergeben ein Gesamtwirkungssystem, das als Ganzes mit gegenseitigen Abhängigkeiten betrachtet werden muß. Dieses mit Hilfe moderner Planungswerkzeuge zu entwickeln und auch abzusichern, erscheint mir der Weg für die nächste Zukunft zu sein (Computersimulation für Licht, Strömung, Temperatur, Akustik)" (Theilig). Für die Zukunft muß Computersimulation als unentbehrliche Phase des Entwurfsprozesses angesehen werden. Das Ziel dieser Technik ist die Optimierung der Energiebilanz des Gebäudes (Schempp).

In dieser Entwicklung muß Glas multifunktional und „intelligent" werden: „Glas als multifunktionale Schicht, d.h. bedruckt, gegebenenfalls auch mit wandelbaren Schichten in Abhängigkeit von Wärme, Licht, elektrischer Energie, sollte Sonnenschutz und Wärmeschutz in seine Schicht integrieren" (Theilig). „Dazu brauchen wir adaptive, schaltbare Gläser. Die Mehrschichtigkeit von Glas erlaubt z.B. das Einfügen von Folien und Flüssigkristallen" (Sobek).

„Gelitten hat bei dieser Entwicklung des Isolierglases der solare Transmissionsgrad. Wünschenswert wäre die Optimierung sowohl der k-Werte als auch der g-Werte (hemisphärischer Gesamtenergiedurchlaßgrad), so daß letztlich die Gesamtbilanz für die Beheizung des Gebäudes mit Sonnenenergie noch wesentlich verbessert werden könnte (besserer effektiver k-Wert)" (Reinberg). Die Verbesserung des k- und g-Wertes ist wichtig, wenn die Solarenergie zur Beheizung verwendet werden soll, um den CO_2-Ausstoß zu verringern (Schempp).

Die volle Nutzung der Solarenergie hängt aber von der Möglichkeit eines Langzeitspeichers ab. Und dies ist ein Problem, das in Zukunft gelöst werden muß. Andererseits kann Heizung auch durch den Einsatz von Photovoltaik verbessert werden.

Lichtlenksysteme werden in Zukunft vermehrt benutzt werden. „Ähnliches gilt für eine bessere Tageslichtnutzung durch in das Glas integrierte Lichtlenksysteme, um beispielsweise eine Lichtleitung in eine größere Tiefe der Gebäude zu ermöglichen. Diese Systeme könnten gleichzeitig auch die sommerliche Überhitzung vermeiden" (Reinberg).

But the improvement of glass architecture does not rest only on the structural properties of the material itself but on additional intelligent properties. Therefore, it is necessary "... to broaden the potential application of the building material in conjunction with specialist engineers, consultants and the glass industry" (Ingenhoven). "The goal is to have glass as a self-bearing construction inclusive of insulating properties" (Theilig). The glass of the future should be a self-bearing translucent insulation.

These seemingly contradictory requirements originate in a new organic metaphor of architecture: "A building has to be conceived of as a holistic metabolism: The skin (façade and roof) as well as internal organs (heating, air conditioning, sanitation system, concrete ceilings as storage mass etc.) must be understood as a total system of interdependent effects. To develop and secure this system will be the road to the immediate future (e.g. computer simulation for lighting, air currents, temperature and acoustic)" (Theilig). Computer simulation is to be viewed as an indispensable part of the future design process. The goal of this technique is to optimize the energy balance of the building (Schempp).

In the process glass has to become multifunctional and "intelligent": "Glass as a multifunctional support, e.g. to be printed on, if necessary, with variable layers depending on temperature, light, electric energy, and it should integrate solar and cold protection" (Theilig). "We need adaptive, switchable glasses. Multi-layered glass permits, for example, the insertion of foils and liquid crystals" (Sobek).

In the past "...development of insulation glass the degree of solar transmission has suffered. Desirable would be the optimization of k-values as well as g-values (the degree of total hemispheric energy transmission). Thus, finally, the total balance for heating the building with solar energy would still be substantially improved by a better and more effective k-value" (Reinberg). This improvement of both k- and g-values is important if solar energy is needed for heating in order to reduce the CO_2 exhaustion (Schempp).

The full use of solar energy needs, however, long range thermal storage – a problem which is still to be solved in the future. On the other hand, heat-ing can also be improved by the use of photovoltaic equipment.

Light guiding systems will be used increasingly in the future. "The same applies to a better use of daylight by light guiding systems being integrated into glass in order, for example, to guide light far further into buildings. Such a system could simultaneously avoid overheating during the summer period" (Reinberg).

Die Frage von Heizung und Kühlung in der Glasarchitektur führt zum Thema des Klimas. „Die Zukunft der Glasarchitektur wird mit der Entwicklung dieses Materials und seiner Anwendung auf die klimatischen und ökonomischen Unterschiede verschiedener Regionen unseres Planeten parallel verlaufen" (Maia & Vasconcellos). Verschiedene Länder und ihre ökonomischen Situationen erfordern verschiedene Lösungen. Aber wir brauchen nicht die Tropen heranzuziehen, das Problem der Überhitzung im Sommer bleibt auch bei Ländern der nördlichen Hemisphäre bestehen. „Ein weiteres Kapitel betrifft natürlich die sommerliche Überhitzung. Obgleich dieses Problem bei meiner Wintergartenarchitektur zwar relativ leicht durch gut geplante Durchlüftung bewältigt werden kann, so wäre doch insbesondere im Bereich der direkten passiven Solarnutzung (solarer Wärmegewinn direkt dort, wo er auch gebraucht wird) und an Westfronten oder auch im Bereich der nicht auf Solargewinne ausgerichteten Lichtführung, eine Steuerungsmöglichkeit sehr wünschenswert" (Reinberg).

Ein weiteres Problem, das nur ungenügend diskutiert wird, ist die zukünftige Einbindung der Glasarchitektur in die Stadt. In den Schluchten zwischen den städtischen Wolkenkratzern kann Glas keine Solarenergie erbringen. Die Sonne muß also, wie in Schempps Herten-Projekt, von oben eingefangen werden.

Bei all diesen Anforderungen an die Zukunft der Glasarchitektur hoffen Architekten und Planer auf die Technologie. „Bezüglich der Entwicklung des Baustoffes Glas habe ich unendlich viele Wünsche. Dabei hat diese Entwicklung eigentlich gerade erst angefangen" (Sobek).

Hanzawas Wunschzettel an die Technologie enthält neun Wünsche:

1. Die Durchlässigkeit von Glas für natürliches Licht sollte verbessert werden (auf der Basis eines von mir entwickelten Museumsglases hoffe ich diese Durchlässigkeit zu erzielen).
2. Ein völlig farbloses Glas wird gebraucht.
3. Es gibt die Notwendigkeit, die Nicht-Reflektanz von Glas zu steigern.
4. Es gibt die Notwendigkeit, Glas gegen Oberflächenstaub und Kondensation zu schützen.
5. Nicht-Alkali-Glas sollte verbreitet werden.
6. Die Bearbeitungsmöglichkeiten von Glas müssen verbessert werden (z.B. schneiden, bohren usw.).
7. Verbesserungen von Glas gegen Bruch und Splittern sind notwendig.
8. Die Betrachter sollten sich selbst vor dem Glas wahrnehmen können, ohne sich zu spiegeln.
9. Weitere wünschenswerte Verbesserungen sind: Verminderung des Gewichtes von Glas, Entwicklung der Fähigkeit von Feuchtigkeitsabsorption und Desorption, Vergröße rung des Hitzewiderstandes, Ver größerung der Hitzeabsorption."

Manche dieser Wünsche sind bereits im Stadium ihrer Erfüllung: „Die Mehrschichtigkeit von Glas erlaubt z.B. das Einfügen von Folien und Flüssigkristallen" (Sobek). „Die Zukunft der Glasarchitektur wird durch die Schöpfung von Glaszusammensetzungen wie holografisch-optische Elemente (HOE), photovoltaische Einbettungen, auf Sonne reagierende Gläser, intelligente Gläser, usw. bestimmt" (Yeang). „... Alle anderen Entwicklungen werden wahrscheinlich auf dem Zusatz von molekularen (biogenetischen, kristallinen, metallischen) Beschichtungen der Glasoberfläche oder zwischen Glasoberflächen beruhen" (Ritchie). „Antireflexbeschichtungen oder Vakuumgläser beispielsweise lassen auf eine rasche Baureife derartiger Gläser hoffen ... . Alle diese Entwicklungen – von deren Realisierung ich auf meinen Baustellen in nicht so ferner Zukunft überzeugt bin und die natürlich nicht nur die transparenten Bauteile, sondern ebenso die thermischen Kollektoren, die Photovoltaik, transluzente Isolierungen usw. betreffen – lassen mich natürlich über die adäquate, ökologisch wertvollere und letztlich schönere Architektur bereits heute nachdenken" (Reinberg).

The question of heating and cooling in glass architecture raises the theme of climate: "The future of glass architecture will be parallel to the evolution of this material and its application in function of the climatic and economical varieties of different regions of our planet" (Maia & Vasconcellos). Different countries and their eco-nomic situations require different approaches. But we do not need to go as far as the tropics - the problem of overheating in summer is with us even in the countries of the northern hemisphere. "A further chapter concerns overheating during summer. In the architecture of my winter gardens this problem can be solved by well planned through-ventilation. But guiding possibilities would be desirable in the areas of direct passive solar use (solar gain directly where it is used), on western fronts or in the area of light guiding systems not directed toward solar gain" (Reinberg).

Another problem not discussed sufficiently is the future integration of glass architecture into urban settings. Glass cannot trap solar energy in the ravines of skyscraper cities. The sun has to be gathered from above as in Schempp's Herten Project.

Given all these requirements for the future of glass architecture, the hope of architects and planners rests on technology. "I have an infinite amount of requests regarding the future development of glass as a building material. This development is really just at the beginning" (Sobek).

Hanzawa's list of wishes from glass technology is as follows:

1. The transmittance of natural light must be increased (based on the special museum glass I produced myself, I hope to improve the trans mittance quality of glass).
2. There is a demand for completely non-colored glass.
3. The non-reflectance of light in glass needs to be increased.
4. Glass has to be protected from condensation and dust settling on its surface.
5. The use of non-alkali glass should be wider spread.
6. The processing conditions for glass have to be improved (e.g. cutting, drilling holes).
7. Improvements need to be made against cracking and breaking of glass.
8. People should be aware of themselves in front of glass surfaces without being reflected
9. Further desired properties are: The decrease in the weight of glass, the development in the capacity of moisture absorption and desorption, extension of heat resistance, and the increase of heat absorption."

Many of these wishes are already on the way to being fulfilled. "Multilayered glass permits, for example, the insertion of foils and liquid crystals" (Sobek). "I only know static systems like electrooptical, thermooptical or photochrome systems as prototypes. An early introduction to the market at a price which is justifiable in my field seems very desirable to me and could mean, in the end, an important step ahead for my architecture" (Reinberg). "The future of glass architecture will be the creation of glass-composites, e.g. holographic optical elements (HOE), photovoltaic-embedded glass, solar-responsive glass, smart glass, etc." (Yeang). "... other developments are likely to be based on adding molecular scale films (biogenetic, crystal, metals), either to the surface of glass or sandwiched between glass" (Ritchie). "Anti-reflex coating or vacuum glasses, for example, lead us to hope for a quick building maturity of these types of glasses... . I am convinced that all these developments will be realised on my building sites in the not too distant future. This does not concern transparent building elements only but also thermic collectors, photovoltaics, translucent insulation, etc. Even today they make me consider an adequate, ecologically valuable and ultimately more beautiful architecture" (Reinberg).

Letztlich erhoffen sich Architekten und Planer, daß die Zukunft mehr Freiheit im Entwerfen bringt. „Heute stehen wir an der Schwelle einer neuen Ära, in der uns die Befreiung von linearen Prozessen durch die digitale Technologie in die Lage versetzt, komplexe Architekturformen erfolgreich zu erfinden und zu bauen. Gebäude müssen nicht länger die ebenen orthogonalen und sich wiederholenden Prozesse des traditionellen Fließbandes widerspiegeln. Sie können jetzt die nichtlinearen Formen der Natur beantworten und zum Ausdruck bringen, die für den Versuch der Nachhaltigkeit so entscheidend sind" (Kirkland/Grimshaw). „Das heutige Floatglas ist zwar ohne Fehler, billig, aber ästhetisch arm. Es liefert Transparenz, aber nicht mehr. Es steigert die Ablesbarkeit und Begreifbarkeit eines Gebäudes. Aber Glas sollte mehr werden, als ein transparenter Baustoff. Seine architektonischen Möglichkeiten sollten durch Verfärbung und Verformung gesteigert werden. Ein Einschleifen oder Beschichten der Glasoberflächen könnte z. B. ein Gebäude je nach Sonnenstand in verschiedenen Farben des Spektrums leuchten lassen" (Sobek).

Etwas ähnliches erwartet Thom: „Wir sind ... mehr und mehr an Techniken interessiert, welche das Aussehen von Glas verändern, um Licht zu modulieren und dadurch ästhetische Wirkungen zu erzielen, ohne allerdings die Funktionen zu verlieren, die es als modifizierendes Element der Gebäudehaut hat." Kuma erhofft sich: „daß in Zukunft durch Glasarchitektur die Grenze zwischen Außen und Innen immer mehr verschwinden wird. Die Integration von Innen und Außen ist ein wichtiger Bestandteil des traditionellen japanischen Raumkonzeptes. Glas ist ein wertvolles Material, um diesen Gedanken zu fördern. Glasarchitektur könnte mit den Mitteln moderner Technologie den traditionellen japanischen Raum wieder zum Leben erwecken." „Die zukünftige Glasarchitektur soll daher eine Architektur sein, die noch stärker über die Sonne und das Licht sprechen kann, die mehr Offenheit und gleichzeitig Flexibilität gegenüber dem Wetter, den Jahreszeiten und den wechselnden Klimabedingungen zeigt und somit eine glänzende ökologische und phantastische Glasarchitektur sein wird" (Reinberg).

Ultimately architects and planners hope that the future holds more flexibility in the design process. "Today we are on the threshold of a new era where liberation from linear processes by digital technology is enabling us to devise and construct complex architectural forms efficiently. Buildings no longer have to reflect the planar orthogonal and repetitive processes of the traditional assembly line but can respond to, and express the nonlinear forces of nature so critical in any sustainable approach" (Kirkland/Grimshaw). "Today's float glass is without defects, cheap but also poor. It produces transparency – not more. It increases the legibility and comprehensibility of a building. But glass should become more than a transparent building material. Its architectural potential should be increased by changing color and surface properties. The grinding of its surface, for example, could make a building glow in different colors of the spectrum, depending on the different positions of the sun" (Sobek).

Thom expects something similar: We are... increasingly interested in techniques that modify the appearance of glass. It should modulate light to achieve various aesthetic effects, while at the same time maintaining its function as a modifying element of enclosure for the building. Kuma hopes that: "in future the borderlines between the inside and outside will increasingly disappear. The integration of the interior and exterior is an essential component of traditional Japanese spatial concepts. Glass is a valuable material in the development of this idea. With the means of modern technology, glass architecture could revive the traditional Japanese space concept." "Therefore glass architecture of the future should be able to speak even more strongly about the sun and the light, demonstrating more openness and, at the same time, flexibility with regard to the weather, the seasons, and the different conditions of climates. It will be a brilliant ecological and fantastical glass architecture" (Reinberg).

Anhang

Appendix

Adressen der Interviewteilnehmer

Addresses of Interviewees

Emilio Ambasz & Associates,
Emilio Ambasz
8 East 62nd Street
New York, NY 10021, USA

Prof. Stefan Behling
Universität Stuttgart, Lehrstuhl 2
Kepplerstraße 11
70174 Stuttgart, Deutschland

Arte Jean-Marie Charpentier et Associés, Jean-Marie Charpentier
62, Rue de Richelieu
75002 Paris, France

Adrien Fainsilber, Architecte
7 Rue Salvador Allende
92000 Nanterre, France

Norman Foster and Partners,
Sir Norman Foster
22 Hester Road, Riverside Three
London SW11 4AN, Great Britain

Nicholas Grimshaw and Partners,
Nicholas Grimshaw
1 Conway Street, Fitzroy Square
London W1P 6LR, Great Britain

Shigenobu Hanzawa, Architekt
Tekeuchi-Bldg. 5B, 2-9-6,
Hyakunin-cho
Shinjuku-ku, Tokyo 169, Japan

Ingenhoven Overdiek und Partner,
Christoph Ingenhoven
Kaistraße 16A
40221 Düsseldorf, Deutschland

Françoise Hélène Jourda, Architecte
96, Boulevard Voltaire
F 75011 Paris, France

Kauffmann Theilig & Partner (KTP),
Prof. Andreas Theilig
Zeppelinstraße 10
73760 Ostfildern, Deutschland

Kikutake Architects,
Kiyonori Kikutake
1.10.1 Otsuka Bunkyo-ku
Tokyo 112, Japan

Kengo Kuma & Associates,
Kengo Kuma
2-12-12-9F Minamiaoyama,
Minatoku
Tokyo 107-0062, Japan

Lindner Roettig Klasing & Partner (LRK)
Emanuel Leutze Straße 17
40547 Düsseldorf, Deutschland

Éolo Maia & Jô Vasconcellos,
Architects
Avenida dos Andradas,
2686, sala 405/408
30260 070 Belo Horizonte, Brasil

Georg W. Reinberg, Architekt
Lindengasse 39/10
1070 Wien, Österreich

Ian Ritchie Architects,
Ian Ritchie
110 Three Colt Street
E14 8AZ London, Great Britain

Dieter Schempp, LOG ID
Sindelfinger Straße 85 (Glashaus)
72070 Tübingen, Deutschland

Seele GmbH & Co. KG, Gerhard Seele
Gutenbergstraße 19
86368 Gersthofen, Deutschland

Werner Sobek Ingenieure,
Prof. Werner Sobek
Albstraße 14
70597 Stuttgart, Deutschland

Bing Thom Architects, Bing Thom
1430 Burrard Street (at Beach Ave,)
Vancouver, BC V6Z 2A3, Canada

T.R. Hamzah & Yeang Sdn. Bhd.,
Kenneth Yeang
8 Jalan 1, Taman Sri Ukay
68000 Ampang, Selangor, Malaysia

Bildnachweise und Copyrights

Picture References and Copyrights

S. 12	links: Seele GmbH & Co. KG mitte: Ian Ritchie Architects / Jo Van Den Bossche rechts: Rupert Steiner	P. 12	left: Seele GmbH & Co. KG middle: Ian Ritchie Architects / Jo Van Den Bossche right: Rupert Steiner
S. 13	links: Rupert Steiner rechts: Éolo Maia und Jô Vasconcellos	P. 13	left: Rupert Steiner right: Éolo Maia und Jô Vasconcellos
S. 14	links: Enzo Enzel rechts: Ian Ritchie Architects / Jo Van Den Bossche	P. 14	left: Enzo Enzel right: Ian Ritchie Architects / Jo Van Den Bossche
S. 15	oben: Kikutake Architects unten: Paul Raftery	P. 15	top: Kikutake Architects below: Paul Raftery
S.18	links: Enzo Enzel mitte: Ian Ritchie Architects / Jo Van Den Bossche rechts: Werner Sobek Ingenieure	P.18	left: Enzo Enzel middle: Ian Ritchie Architects / Jo Van Den Bossche right: Werner Sobek Ingenieure
S. 21-24	Nigel Young / Foster and Partners	P. 21-24	Nigel Young / Foster and Partners
S. 25-27	Fotos: Enzo Enzel	P. 25-27	Photos: Enzo Enzel
S. 26, 27	Pläne: Foster and Partners	P. 26, 27	Plans: Foster and Partners
S. 28	Udo Hesse	P. 28	Udo Hesse
S. 29	Peter Cook	P. 29	Peter Cook
S. 30/31	John Edward Linden	P. 30/31	John Edward Linden
S. 32	Foto: George Stowell	P. 32	Photo: George Stowell
S. 32/33	Pläne: Nicholas Grimshaw & Partners (NGP)	P. 32/33	Plans: Nicholas Grimshaw & Partners (NGP)
S. 35	Imagination	P. 35	Imagination
S. 36	oben: NGP / George Stowell mitte / unten: NGP	P. 36	top: NGP / George Stowell middle / below: NGP
S. 37	NGP / Peter Cook	P. 37	NGP / Peter Cook
S. 39	H.G. Esch; Köln	P. 39	H.G. Esch; Köln
S. 40-42	Fotos: Holger Knauf, Düsseldorf Pläne: Ingenhoven Overdiek und Partner	P. 40-42	Photos: Holger Knauf, Düsseldorf Plans: Ingenhoven Overdiek und Partner
S. 43	Modellfoto: ZEFA / Holger Knauf	P. 43	Photo of model: ZEFA / Holger Knauf
S. 45-47	Fotos / Pläne: Lindner Roettig Klasing & Partner	P. 45-47	Photos / Plans: Lindner Roettig Klasing & Partner
S. 49-51	Fotos: Ian Ritchie Architects / Jo Van Den Bossche Pläne: Ian Ritchie Architects	P. 49-51	Photos: Ian Ritchie Architects / Jo Van Den Bossche Plans: Ian Ritchie Architects
S. 52-54	Michael Meschede, Kaufungen	P. 52-54	Michael Meschede, Kaufungen
S. 55	oben: Ian Ritchie Architects / Jo Van Den Bossche unten: Michael Meschede, Kaufungen Pläne: von Gerkan Marg & Partner	P. 55	top: Ian Ritchie Architects / Jo Van Den Bossche below: Michael Meschede, Kaufungen Plans: von Gerkan Marg & Partner
S. 57-59	Fotos / Pläne: Seele GmbH & Co. KG	S. 57-59	Photos / Plans: Seele GmbH & Co. KG
S. 61	Seele GmbH & Co. KG	S. 61	Seele GmbH & Co. KG
S. 62/63	Foto: avcommunication / Frank Erber, Magnus Burkhardt	S. 62/63	Photo: avcommunication / Frank Erber, Magnus Burkhardt

S. 64/65	Fotos / Pläne: Seele GmbH & Co. KG
S. 66	Ines Blersch, Stuttgart
S. 67/68	Murpy / Jahn, Chicago
S. 69	JCDecaux, Paris
S. 70	Foto: Murphy / Jahn, Chicago
S. 71	Fotos: JCDecaux
S. 72	Foto: Gabriela Heim, Stuttgart
S. 73	Modellfotos: Murphy / Jahn, Chicago
S. 70-73	Pläne: Werner Sobek Ingenieure
S. 75-80	Fotos: Roland Halbe Fotografie, Stuttgart
S. 81	Modellfoto: Roland Reissig
S. 77-83	Pläne: Kauffmann Theilig und Partner
S. 85	Fotos: Willebrand Photographie
S. 86	links oben / unten: Stefan Behling rechts oben: Willebrand Photographie
S. 87	Stefan Behling
S. 88/89	Fotos: Willebrand Photographie Pläne: Seele GmbH & Co. KG
S. 92	links / mitte: Ralph Richter, Düsseldorf rechts: Emilio Ambasz & Associates
S. 93	Emilio Ambasz & Associates
S. 94	links / mitte: Fujitsuka Mitsumasa rechts: Martin Tessler
S. 95	Seele GmbH & Co. KG
S. 96	Imagination
S. 97/98	Emilio Ambasz & Associates
S. 99	links: Jourda Architectes mitte: Rupert Steiner rechts: Ian Ritchie Architects / Jo Van Den Bossche
S. 100	links: Emilio Ambasz & Associates mitte: Ralph Richter, Düsseldorf rechts: Reiner Blunck, Tübingen
S. 103-113	Fotos / Pläne: Emilio Ambasz & Associates
S. 115/116	Fotos: Paul Raftery
S. 117	Jourda Architectes
S. 118	M. Nikolic & E. Zickendraht
S. 119	Modellfoto: Jourda Architectes Plan: Entwicklungsgesellschaft Mont-Cenis (EMC)

S. 64/65	Photos / Plans: Seele GmbH & Co. KG
S. 66	Ines Blersch, Stuttgart
P. 67/68	Murpy / Jahn, Chicago
P. 69	JCDecaux, Paris
P. 70	Photo: Murphy / Jahn, Chicago
P. 71	Photos: JCDecaux
P. 72	Photo: Gabriela Heim, Stuttgart
P. 73	Photos of model: Murphy / Jahn, Chicago
P. 70-73	Plans: Werner Sobek Ingenieure
P. 75-80	Photos: Roland Halbe Fotografie, Stuttgart
P. 81	Photo of model: Roland Reissig
P. 77-83	Plans: Kauffmann Theilig und Partner
P. 85	Photos: Willebrand Photographie
P. 86	left top / below: Stefan Behling right top: Willebrand Photographie
P. 87	Stefan Behling
P. 88/89	Photos: Willebrand Photographie Plans: Seele GmbH & Co. KG
P. 92	left / middle: Ralph Richter, Düsseldorf right: Emilio Ambasz & Associates
P. 93	Emilio Ambasz & Associates
P. 94	left / middle: Fujitsuka Mitsumasa right: Martin Tessler
P. 95	Seele GmbH & Co. KG
P. 96	Imagination
P. 97/98	Emilio Ambasz & Associates
P. 99	left: Jourda Architectes middle: Rupert Steiner right: Ian Ritchie Architects / Jo Van Den Bossche
P. 100	left: Emilio Ambasz & Associates middle: Ralph Richter, Düsseldorf right: Reiner Blunck, Tübingen
P. 103-113	Photos / Plans: Emilio Ambasz & Associates
P. 115/116	Photos: Paul Raftery
P. 117	Jourda Architectes
P. 118	M. Nikolic & E. Zickendraht
P. 119	Photo of model: Jourda Architectes Plan: Entwicklungsgesellschaft Mont-Cenis (EMC)

S. 121/122	Fotos: Paul Raftery Plan: Jourda Architectes
S. 123	Fotos: Jean-Marie Monthiers Plan: Jourda Architectes
S. 124	Fotos: Izabel Chumbinho
S. 125-128	Fotos: Jacques T. Rios Pläne / Skizze: Éolo Maia & Jô Vasconcellos
S. 129-133	Fotos / Pläne: Éolo Maia & Jô Vasconcellos
S. 135	Foto: Spiluttini
S. 136	Foto: Georg. W. Reinberg
S. 137	Engelhardt und Sellin
S. 138-145	Fotos: Rupert Steiner
S. 136-145	Pläne: Georg. W. Reinberg
S. 147-151	Fotos: Ralph Richter, Düsseldorf Pläne: LOG ID, Tübingen
S. 152-155	Fotos: Reiner Blunck, Tübingen Pläne: LOG ID, Tübingen
S. 155-165	Fotos / Pläne: T.R. Hamzah & Yeang Sdn. Bhd.
S. 169	oben: Michael Meschede, Kaufungen mitte: Willebrand Photographie unten: avcommunication Frank Erber, Magnus Burkhardt rechts: Seele GmbH & Co. KG
S. 170	links: Toshiharu Kitajiama mitte: Martin Tessler rechts: Fujitsuka Mitsumasa
S. 173	Kawasumi Architectural Photograph Office
S. 174, 175	Toshiharu Kitajima
S. 176	Foto: Kawasumi Architectural Photograph Office
S. 176,177	Pläne: Kikutake Architects
S. 177	Toshiharu Kitajima
S. 178	Kikutake Architects
S: 179	Satoru Mishima
S. 180/181	Kikutake Architects
S. 182	Foto: Kindaikenchikusha
S. 182/183	Pläne: Kikutake Architects
S. 185-189	Fotos: Fujitsuka Mitsumasa Pläne: Kengo Kuma Architectes

P. 121/122	Photos: Paul Raftery Plan: Jourda Architectes
P. 123	Photos: Jean-Marie Monthiers Plan: Jourda Architectes
P. 124	Photo: Izabel Chumbinho
P. 125-128	Photos: Jacques T. Rios Plans / Design Sketch: Éolo Maia & Jô Vasconcellos
P. 129-133	Photos / Plans: Éolo Maia & Jô Vasconcellos
P. 135	Photo: Spiluttini
P. 136	Photo: Georg. W. Reinberg
P. 137	Engelhardt und Sellin
P. 138-145	Photos: Rupert Steiner
P. 136-145	Plans: Georg. W. Reinberg
P. 147-151	Photos: Ralph Richter, Düsseldorf Plans: LOG ID, Tübingen
P. 152-155	Photos: Reiner Blunck, Tübingen Plans: LOG ID, Tübingen
P. 155-165	Photos / Plans: T.R. Hamzah & Yeang Sdn. Bhd.
P. 169	top: Michael Meschede, Kaufungen middle: Willebrand Photographie below: avcommunication Frank Erber, Magnus Burkhardt right: Seele GmbH & Co. KG
P. 170	left: Toshiharu Kitajiama middle: Martin Tessler right: Fujitsuka Mitsumasa
P. 173	Kawasumi Architectural Photograph Office
P. 174, 175	Toshiharu Kitajima
P. 176	Photo: Kawasumi Architectural Photograph Office
P. 176,177	Plans: Kikutake Architects
P. 177	Toshiharu Kitajima
P. 178	Kikutake Architects
S: 179	Satoru Mishima
P. 180/181	Kikutake Architects
P. 182	Photo: Kindaikenchikusha
P. 182/183	Plans: Kikutake Architects
P.185-189	Photos: Fujitsuka Mitsumasa Plans: Kengo Kuma Architectes

S. 191-195	Fotos: Martin Tessler
S. 194/195	Pläne: Bing Thom Architects
S. 196, 197	Fotos: Marc Hillesheim
	Pläne: Bing Thom Architects
S. 198-201	Fotos: Wayne Thom
S. 200/201	Pläne: Bing Thom Architects
S. 203	Shingenobu Hanzawa
S. 204	oben: Chusonji Tempel
	unten: Shingenobu Hanzawa
	Pläne: Shingenobu Hanzawa
S. 205	Fotos / Plan: Shingenobu Hanzawa
S. 208	links: Willebrand Photographie
	rechts: Stefan Behling
S. 209	links: Willebrand Photographie
	rechts: JCDecaux
S. 210	Seele GmbH & Co. KG
S. 211	links: Roland Halbe Fotografie,Stuttgart
	mitte: Lindner Roettig Klasing & Partner
	rechts: Wayne Thom
S. 212	Ralph Richter, Düsseldorf
S. 213	George Stowell
S. 214	links: Peter Cook
	mitte: Ralph Richter, Düsseldorf
	rechts: Nigel Young / Foster and Partners
S. 215	Fujitsuka Mitsumasa

P. 191-195	Photos: Martin Tessler
P. 194/195	Plans: Bing Thom Architects
P. 196, 197	Photos: Marc Hillesheim
	Plans: Bing Thom Architects
P. 198-201	Photos: Wayne Thom
P. 200/201	Plans: Bing Thom Architects
P. 203	Shingenobu Hanzawa
P. 204	top: Chusonji Tempel
	below: Shingenobu Hanzawa
	Plans: Shingenobu Hanzawa
P. 205	Photos / Plan: Shingenobu Hanzawa
P. 208	left: Willebrand Photography
	right: Stefan Behling
P. 209	left: Willebrand Photography
	right: JCDecaux
P. 210	Seele GmbH & Co. KG
P. 211	left: Roland Halbe Fotografie,Stuttgart
	middle: Lindner Roettig Klasing & Partner
	right: Wayne Thom
P. 212	Ralph Richter, Düsseldorf
P. 213	George Stowell
P. 214	left: Peter Cook
	middle: Ralph Richter, Düsseldorf
	right: Nigel Young / Foster and Partners
P. 215	Fujitsuka Mitsumasa